服装工艺与制作实例

完全解析

王京菊 王健 杨挺 —— 等著

U0231262

化学工业出版社

·北京·

本书以全彩色印刷形式，选用大量符合时代潮流要求的新款式、新工艺、新技法，针对服装裁剪工艺与制作进行全步骤翔实阐述，并且为详细步骤拍摄了相应照片，图文并茂，使读者能由浅入深、循序渐进地学习与掌握服装裁剪工艺与制作的要领，在创新能力、动手能力、拓展能力等方面能得到更多帮助。

全书主要内容包括：服装工艺与制作基础知识；下装造型的裁剪工艺制作；上装造型的裁剪工艺制作；省、褶造型的工艺制作技巧、口袋造型的工艺制作技巧、领子造型的工艺制作技巧、袖子造型的工艺制作技巧、衣摆造型的工艺制作技巧、扣眼工艺制作技巧等。本书可使读者能在短时间内迅速、全面地理解和掌握服装裁剪制作技法，满足服装行业从业人员的实际需求。

本书既可作为高等院校服装专业的教学用书，又可作为服装企业技术人员以及服装制作爱好者的自学参考书籍和培训辅导用书。

图书在版编目（CIP）数据

服装工艺与制作实例完全解析 / 王京菊等著. —— 北京：化学工业出版社，2019.9
ISBN 978-7-122-34652-0

Ⅰ. ①服… Ⅱ. ①王… Ⅲ. ①服装工艺 Ⅳ.
① TS941.6

中国版本图书馆 CIP 数据核字（2019）第 109393 号

责任编辑：朱 彤　　　　　　　　　　文字编辑：谢蓉蓉
责任校对：宋 玮　　　　　　　　　　装帧设计：王晓宇

出版发行：化学工业出版社（北京市东城区青年湖南街 13 号　邮政编码 100011）
印　　装：北京建宏印刷有限公司
787mm×1092mm　1/16　印张 12½　字数 257 千字　2020 年 1 月北京第 1 版第 1 次印刷

购书咨询：010-64518888　　售后服务：010-64518899
网　　址：http://www.cip.com.cn
凡购买本书，如有缺损质量问题，本社销售中心负责调换。

定　价：58.00 元　　　　　　　　　　　　　　　　版权所有　违者必究

前言

　　服装工艺与制作是服装工作者必备的基本技能，也是服装与服饰设计专业的核心课程。服装裁剪工艺制作直接影响着服装的最终成品质量。如何正确地解析服装造型，通过技术手段将服装款式设计转化为平面纸样，进而按照纸样的裁剪面料制作成符合设计思想的服装成品，是满足服装设计需要的重要环节，因此要求服装工艺与制作应当更加严谨和科学。

　　本书在编写过程中采取校企合作模式，结合著者自身多年的教学与实践经验，致力于使读者对服装款型设计、裁剪样板、工艺制作的实际操作有更深入的理解和掌握，具有很强的技术性和实用性。全书突出核心能力的培养，贴近社会需求，富有时代气息，体现了培养新型专业人才的需求。

　　本书在编写时选用大量符合时尚流行趋势的新款式、新工艺、新技法，针对服装裁剪工艺与制作进行全步骤翔实阐述，主要内容包括：服装工艺与制作基础知识；下装造型的裁剪工艺制作，包括裙子、裤子的裁剪工艺制作；上装造型的裁剪工艺制作，包括衬衫（基础款女衬衫、休闲男衬衫）、西装（女西装、短款女上衣、男西装）、大衣（插肩袖女大衣、男大衣、典型大衣）的裁剪工艺制作；省、褶造型的工艺制作技巧、口袋造型的工艺制作技巧、领子造型的工艺制作技巧、袖子造型的工艺制作技巧、衣摆造型的工艺制作技巧、扣眼工艺制作技巧等。全书以图文并茂的形式，对从服装造型、结构制板裁剪、样衣调试，最后完成成品的全过程进行全面、系统的介绍，使读者能由浅入深、循序渐进地学习与掌握服装裁剪工艺与制作的要领，在创新能力、动手能力、拓展能力等方面得到更多帮助。本书可以作为广大服装爱好者的自学用书，也可以作为服装技术人员的技术培训教学用书。

　　本书由北京联合大学王京菊、王健、杨挺等著，企业高级技术人员彭秋丽老师也参与了本书的编写工作。本书获得了"北京联合大学规划教材建设项目"资助。在编写过程中，还得到了众多专家以及化学工业出版社相关人员的大力支持，在此深表感谢。本书还配备了多媒体视频、PPT课件及大量的工艺制作案例库，如有需要请与作者联系。

　　由于时间和水平有限，本书尚有不足之处，敬请广大读者批评指正。

著者

2019年6月

目录

第七章

袖子造型的
工艺制作技巧

第八章

衣摆造型的
工艺制作技巧

第九章

扣眼造型的
工艺制作技巧

第一章

服装工艺与
制作基础知识

第一节
服装造型概述

服装造型是服装工艺与制作的主题和目标，只有正确解析服装的造型才能将服装设计转化为平面纸样，进而按照纸样裁剪面料后制作成符合设计思想的服装成品。做好服装造型的分析是纸样设计和工艺制作的第一步。

一、衣身造型解析

衣身的造型是服装纸样设计的首要考虑因素。影响衣身造型的因素主要包括衣身的长短、衣身的廓形、衣身的合体度和衣身的内部结构线。衣身的廓形可以影响衣身的合体度（即衣身的尺寸）以及衣身内部的结构线位置和数量的设定。

衣身的长度主要以人体腰围线、臀围线、膝围线作为参考体线。腰围线以上为超短上衣，腰围线至臀围线之间的长度为短上衣，臀围线至膝围线之间的长度为中长衣，膝围线以下的长度是长衣。

在现代生活中，经久不衰的衣身廓形是符合人体曲线的小X形，多见的廓形有H形、X形、小A形、大A形、O形、Y形，图1-1为各种衣身廓形的长款女外套。

| 小X形 | H形 | X形 | 小A形 |

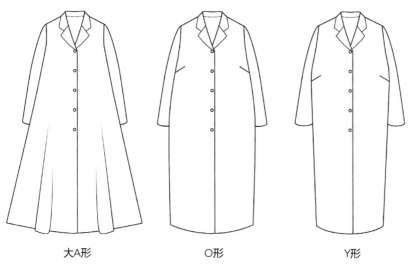

大A形　　　　　　　　O形　　　　　　　　Y形

图1-1　各种衣身廓形的长款女外套

　　衣身的围度大小决定服装造型变化，衣身的常见合体度可分为合体、较合体、较宽松、宽松，如图1-2所示。

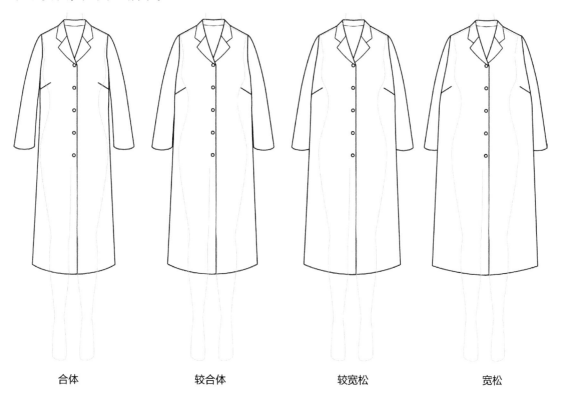

合体　　　　　　较合体　　　　　　较宽松　　　　　　宽松

图1-2　衣身的常见合体度

(1) 合体和较合体的服装多见H形、小X形、X形、小A形，如图1-3所示。

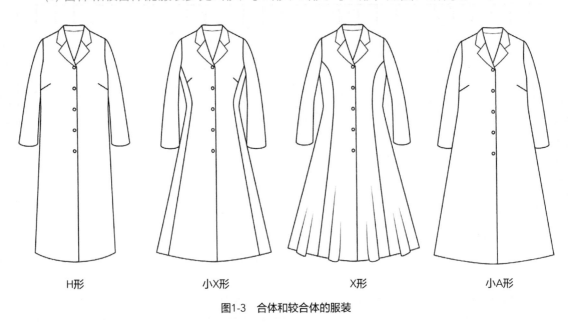

| H形 | 小X形 | X形 | 小A形 |

图1-3　合体和较合体的服装

(2) 较宽松和宽松的服装多见H形、Y形、O形、小A形、大A形，如图1-4所示。

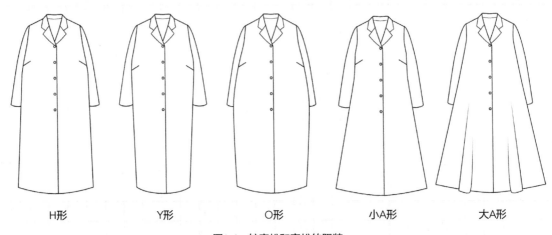

| H形 | Y形 | O形 | 小A形 | 大A形 |

图1-4　较宽松和宽松的服装

(3) 内结构线　以没有弹性的面料裁制为前提，小X形决定了衣身内部结构线可以由竖向结构线、横向结构线和省道组合而成，以西装领长款女外套为例，小X形衣身内部结构线变化形态如图1-5。

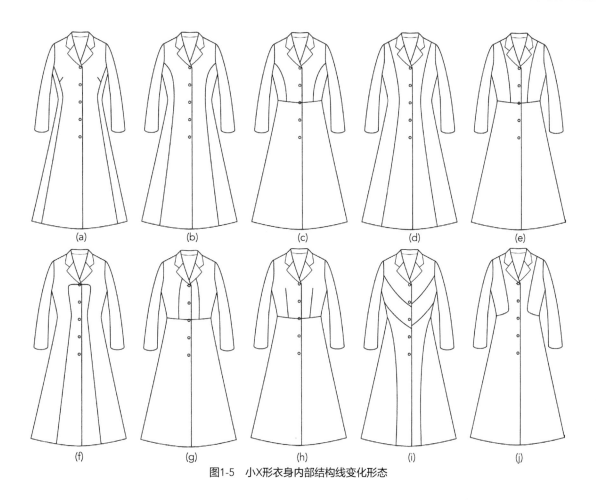

(f) (g) (h) (i) (j)

图1-5 小X形衣身内部结构线变化形态

（4）门襟造型 在衣身造型中，门襟造型的变化也可以使衣身展现出多种造型形态。门襟造型是指为了使服装方便穿着在人体身上而设计的开合形式，一般女装为右襟压左襟，男装为左襟压右襟。门襟分为单排扣门襟和双排扣门襟。各种不同的门襟造型可形成多种多样的服装形态，如图1-6所示。

(a) (b) (c) (d)

图1-6 各种不同的门襟造型

二、领子造型解析

领子的造型可分为无领、立领、衣连领、翻领、西装领（翻驳领）等。

(1)无领　无领主要指由领口线形状的变化而产生多种多样的变化，如图1-7所示。

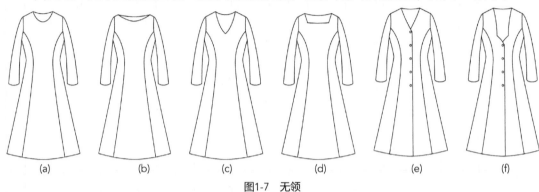

(a)　　(b)　　(c)　　(d)　　(e)　　(f)

图1-7　无领

(2)立领　泛指围绕人体脖颈立起而不翻折的领子造型，立领的造型变化主要体现在领口的形状、立领的领高以及立领上下口距人体颈部的距离等因素的变化，如图1-8所示。

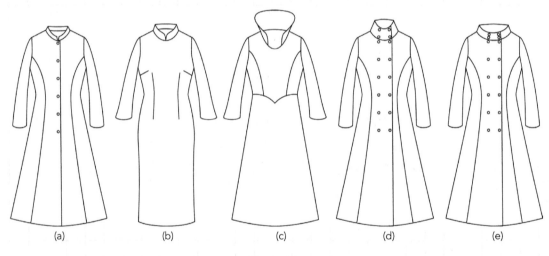

(a)　　(b)　　(c)　　(d)　　(e)

图1-8　立领

(3)衣连领　领子与衣身之间没有分割线分开的领子一般称为衣连领（连身领），如图1-9所示。

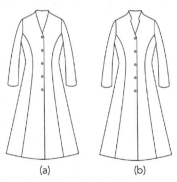

(a)　　(b)

图1-9　衣连领

(4)翻领　泛指在衣身领口造型外翻与衣身交叠的领子，如图1-10所示。

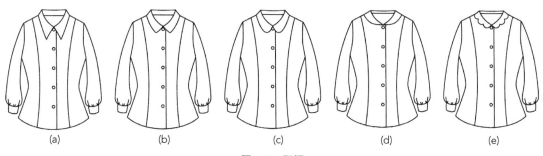

(a)　　　　　(b)　　　　　(c)　　　　　(d)　　　　　(e)

图1-10　翻领

立翻领是立领与翻领的结合，如图1-11所示。

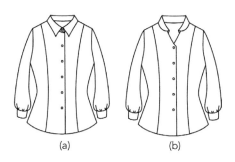

(a)　　　　　(b)

图1-11　立翻领

(5)西装领　西装领是由衣身翻折出的驳头与翻领的组合，可通过变换串口线的位置、角度，领子的宽度、形状等因素来变换造型，如图1-12所示。

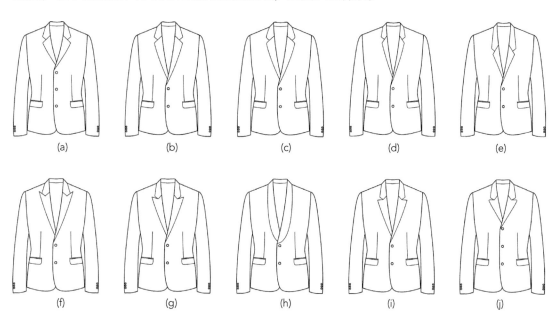

(a)　　　　(b)　　　　(c)　　　　(d)　　　　(e)

(f)　　　　(g)　　　　(h)　　　　(i)　　　　(j)

图1-12　西装领

三、袖子造型解析

常见的袖子造型从长度上可分为长袖、中袖、短袖、月牙袖等，如图1-13所示。

长袖　　　　　　中袖　　　　　　短袖　　　　　　月牙袖

图1-13　不同长度的袖子

常见的袖子造型从廓形上分为合体袖、泡泡袖、羊腿袖、喇叭袖、蝙蝠袖等，如图1-14所示。

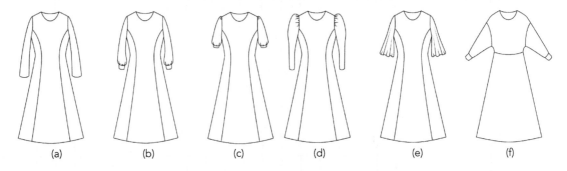

(a)　　　　(b)　　　　(c)　　　　(d)　　　　(e)　　　　(f)

图1-14　不同廓形的袖子

常见的袖子造型从内部结构线变化上可分为一片袖、两片袖、插肩袖、连身袖等，如图1-15所示。

(a)　　　　　　(b)　　　　　　(c)　　　　　　(d)

图1-15　不同内部结构线变化的袖子

四、裙子造型解析

　　裙子的造型主要受到裙身的腰位、长短、廓形和内部结构线等因素的影响。

　　根据裙身腰位的变化，主要可以分为高腰裙、中腰裙、低腰裙，如图1-16所示。

高腰裙　　　　　　中腰裙　　　　　　低腰裙

图1-16　裙身的不同腰位

服装工艺与制作实例完全解析

根据裙身长度可以分为短裙、中裙、中长裙、长裙等，如图1-17所示。

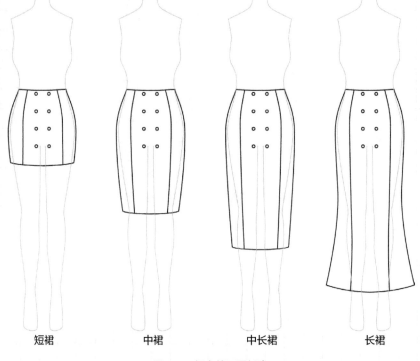

短裙　　中裙　　中长裙　　长裙

图1-17　裙身的不同长度

裙身的常见廓形有H形、小A形、大A形、鱼尾形、Y形、O形，如图1-18所示。

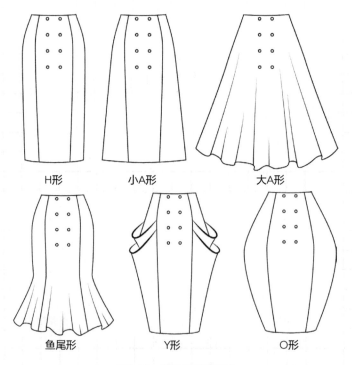

H形　　小A形　　大A形

鱼尾形　　Y形　　O形

图1-18　裙身的常见廓形

常见的裙身内部结构线变化，如图1-19所示。

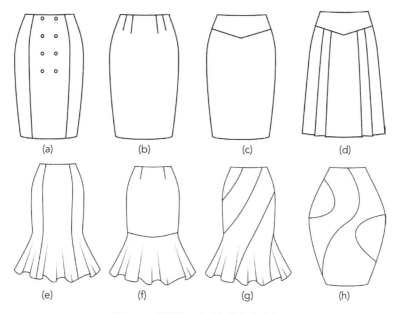

(a)　　　　　(b)　　　　　(c)　　　　　(d)

(e)　　　　　(f)　　　　　(g)　　　　　(h)

图1-19　常见的裙身内部结构线变化

五、裤子造型解析

　　裤子的造型主要受到裤身的腰位、长短、廓形和内部结构线等因素的影响。

　　根据裤子腰位的变化可以分为高腰裤、中腰裤、低腰裤，如图1-20所示。

中腰裤　　　　高腰裤　　　　低腰裤

图1-20　裤子的不同腰位

根据裤身长短的变化可以分为长裤、七分裤、五分裤、短裤、超短裤，如图1-21所示。

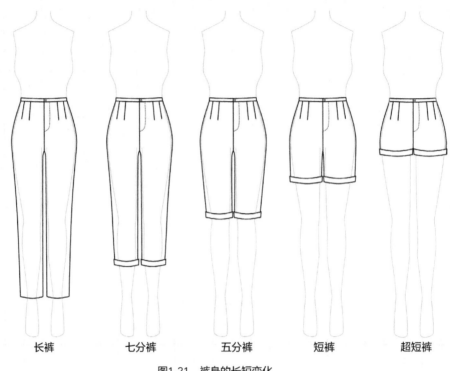

| 长裤 | 七分裤 | 五分裤 | 短裤 | 超短裤 |

图1-21　裤身的长短变化

裤身常见的廓形有直筒裤、锥形裤、微喇裤、大喇叭裤、Y形裤、阔腿裤、O形裤、马裤等，如图1-22所示。

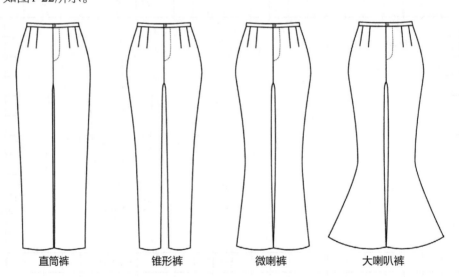

| 直筒裤 | 锥形裤 | 微喇裤 | 大喇叭裤 |

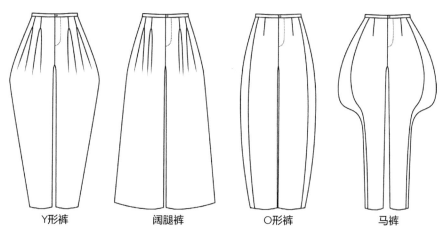

Y形裤　　　阔腿裤　　　○形裤　　　马裤

图1-22　裤身的不同廓形

常见的裤身内部结构线变化，如图1-23所示。

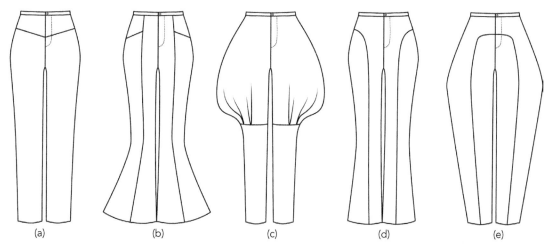

(a)　　　　(b)　　　　(c)　　　　(d)　　　　(e)

图1-23　裤身内部结构线变化

第二节
工具、符号与专用术语

一、制版与制作工具

1. 常用制版工具

常用制版工具如图1-24所示。

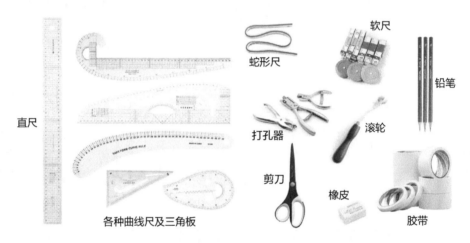

直尺　蛇形尺　软尺　铅笔　打孔器　滚轮　各种曲线尺及三角板　剪刀　橡皮　胶带

图1-24　常用制版工具

2. 常用制作工具

常用制作工具如图1-25所示。

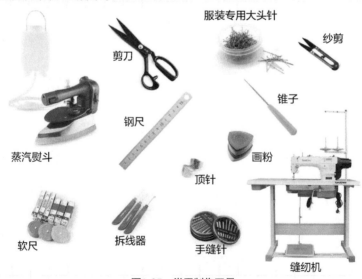

蒸汽熨斗　剪刀　服装专用大头针　纱剪　钢尺　锥子　画粉　软尺　顶针　拆线器　手缝针　缝纫机

图1-25　常用制作工具

二、制版符号

常用制版符号，如图1-26所示。

基础线	———	等量符号	○●□■★	省道符号	
轮廓线	———	省略符号		褶裥符号	
明线	- - - - -	缩缝符号	〜〜〜	直角符号	
对称线	—·—·—	拼合符号		刀口符号	
等分线		纱向符号		扣位符号	

图1-26　常用制版符号

三、制版裁剪制作常用术语

净尺寸：人体的尺寸。

松量：服装大于人体的尺寸。

纱向：面料经纱的方向。

净样：人体净尺寸加松量，不包括缝边。

缝份：又称缝头，净样外圈所加的缝制需要的缝边量。

毛样：裁剪尺寸，包括缝边、贴边等。

省：又称省缝，根据人体的曲线形态所需去掉的部分。

褶：又称裥。根据人体曲线所需，有规律折叠或收拢的部分。

袖克夫：又称袖头。缝接于袖子的下端，一般为长方形袖头。

分割：根据人体曲线形态或款式要求而在上衣片或裤片上增加的结构缝。

刀口：又称剪口，在裁片的缝边某部位剪一个小缺口，缝制时起定位作用。

画顺：光滑、圆顺地连接直线与弧线、弧线与弧线。

劈势：直线的偏进量，如上衣门襟、里襟上端的偏进量。

翘势：水平线的上翘量，如裤子后翘，指后腰缝线在后裆缝线处的抬高量。

困势：直线的偏出量，如裤子侧缝困势是指后裤在侧缝线上端处的偏出量。

门襟：衣片的锁眼边。

里襟：衣片的钉扣边。

叠门：又称交门，是门襟和里襟相叠合（相交）的部分。

止口：指衣片边缘应做光洁的部位，如叠门与挂面的连接线。

挂面：上衣门襟、里襟反面的贴边。

过肩：也称复肩、复势或育克，一般常用在上衣肩部上的单层或双层面料。

驳头：挂面第一粒纽扣上部向外翻出不包括领的部分。

缉缝：使用缝纫机将裁剪好的衣片进行组合称之为缉缝或车缝。

包缝：制作单层服装时为了防止布料脱丝，用包缝机将衣片的四周进行包缝锁边。

倒缝：缝合后的衣片缝边倒向一侧进行熨烫，如刀背缝、侧缝等。

劈缝：缝合后的衣片缝边分开进行熨烫，如肩缝、侧缝等。

倒针：缝合衣片时为了防止脱线，在缝合时开头与结尾均要求有1cm左右回针。

眼皮：制作夹上衣时，内层里子布的缝边如肩缝、侧缝等在倒烫时留出0.3cm左右伸缩量。

扣烫：制作口袋、止口边采用的方法，将缝合好的止口缝边倒向一侧进行熨烫。

吃量：制作口袋盖、领子、肩缝等部位时，根据造型要求内外层的大小、缝边的前后长短在尺寸上稍有不同，多裁出的量称为吃量。

第二章
下装造型的
裁剪工艺制作

教学内容

本部分讲解了下装的款式设计表达，不同品种的裁剪、放缝、工艺制作的技巧，其中包括基础裙、节裙、基础裤、休闲裤、短裤。

教学目的

通过本部分内容的学习，要求学生掌握基本裙装、裤装的裁剪放缝、缝制工艺制作。

重点与难点

其中重点掌握基础裙、基础裤的纸样裁剪制作，裤子工艺制作为本部分的难点。

实例 **2-1**
裙子造型的裁剪工艺制作

学习目标

通过学习使学生了解裙子效果图和款式图的设计表达，掌握规格的确定，理解裙子的结构组成关系；通过训练学习裙子的裁剪、放缝要求及工艺制作的技巧。

一、基础裙子的纸样制作及裁剪放缝

款式分析：此款裙子是裙装中的基本原型，造型为H形，由前身、后身、腰头三部分组成。前身腰部左右对称各有两个省道，前身为整片无分割线；后身左右分开腰部各有两个省道，在中缝处开拉锁，裙下口加入开衩。

款式图

效果图

成品规格	单位：cm
部位	尺寸
裙长	62
腰围	70
臀围	94

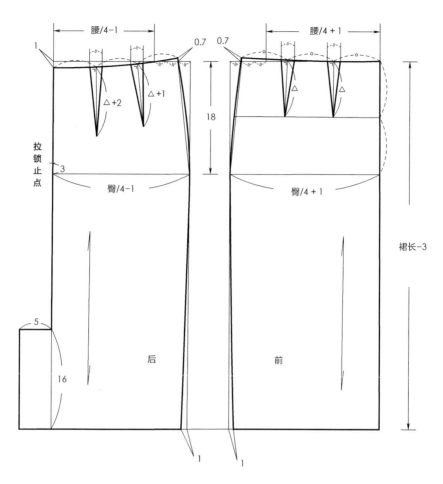

裁剪结构图（单位：cm）

▷ **裁剪结构图重点提示：**

(1) 前、后裙长均减去3cm腰头宽绘制水平线、裙摆线。

(2) 腰臀距按18cm绘制臀高线。

(3) 前后臀围肥按成品规格的1/4计算，根据造型要求前片加1cm，后片减去1cm。

(4) 前后腰围肥按成品规格的1/4计算，根据造型要求前片加1cm，后片减去1cm。

(5) 腰口翘：腰臀差构成0.7cm的翘度，可随腰臀差适当减少。

(6) 前后腰省各2个，每个省宽为裙片腰围与臀围差的1/3，前省长为腰臀距1/2。后省长一个在前省长基础上加1cm，另一个在前省长基础上加2cm。

(7) 前裙片为整片，后裙片左右分开，中缝下部加入开衩量5cm，中缝上部缝制时使用拉锁制作开口。

(8) 裙腰头宽为3cm，裙腰长在成品腰围的基础上加入3cm搭门量。

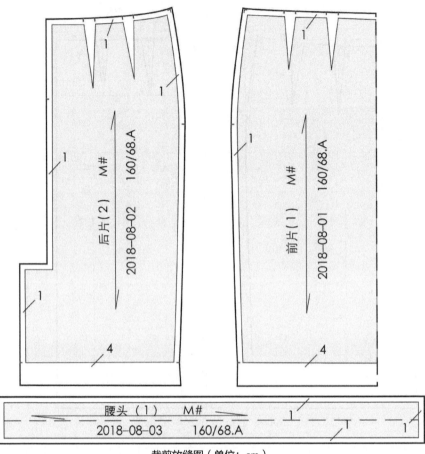

裁剪放缝图（单位：cm）

样板裁片

部位	数量
前片	1片（整）
后片	2片
腰头	1片（里、面）

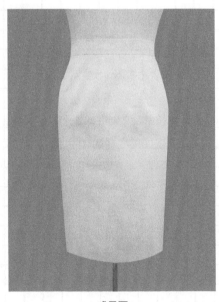

成品图

二、裙子工艺制作的材料准备

　　款式分析：此款裙子的名称为A形节裙或塔裙，工艺制作技巧上的特点是步骤简单，易于初学者掌握。裙子由前后裙片组成，裙子上下分为三节。裙子腰部根据臀围大小进行裁剪，每节的褶皱量可根据个人喜好设定尺寸大小。裙子放缝边为1cm，腰上口贴边及裙子下摆贴边均为4cm。

成品图

裙片1（2）

连折

裙片2（2）

连折

裙片3（2）

连折

裁剪放缝图

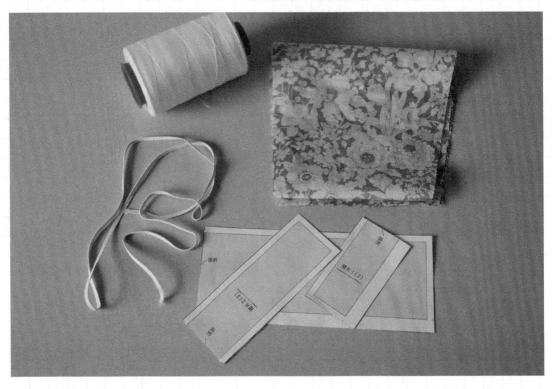

材料图

三、裙子的工艺制作步骤解析

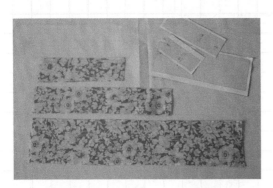

1 将布料对折为双层，然后把纸样摆放在布料上。根据纸样毛样板裁剪，分别为裙子前片的上片、中片、下片，裙子后片的上片、中片、下片。

2 按净缝线将腰贴边用熨斗进行扣烫。

3 前后裙片正面相对，反面朝上进行拼接
缝合，注意开头与结尾要求"倒针"。

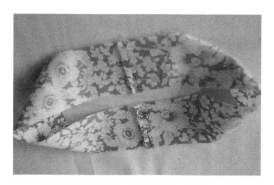

4 拼合好的缝边可以先"包缝"，之后再
进行"倒缝"熨烫，也可以分别包缝后
进行"劈缝"熨烫。

5 将裙子第一节前后片组合之后，沿扣烫
的腰口贴边进行缉缝，要求宽度为
0.1cm，注意留出穿松紧带的空隙。

6 第三节裙片反面朝上，沿裙子的下摆贴
边缉缝0.1cm。

7 第二节裙片前后组合之后，按第一节裙
片的围度大小将上口进行抽褶；第三节
裙片按第二节裙片下口围度抽褶并
固定。

8 第一节与第二节正面相对进行缝合。

9 第二节与第三节正面相对进行缝合。

10 将松紧带穿入绢缝好的腰缝边内，松紧大小比实际腰围短3cm左右。

11 制作完成，熨烫平服。

思考与实践

(1) 查找裙子款式并设计造型4~5款。

(2) 绘制1：400比例结构图。

(3) 选择两个不同的体形进行采寸并设计成品规格。

(4) 根据训练规格尺寸绘制1：1比例结构图、放缝图。

(5) 裁剪制作成品一件。

实例2-2
裤子造型的裁剪工艺制作

学习目标

(1) 通过对各种裤子造型的结构绘制，使学生理解裤子的结构关系，准确地设计成品规格尺寸。

(2) 通过训练，掌握裤子效果图、款式图的表达并根据设计造型合理地绘制出结构裁剪图。

(3) 根据结构裁剪图准确地分解裁片，绘制出放缝样板，根据样板制作成品立体造型。

一、基础裤子的纸样制作及裁剪放缝

款式分析：此款裤子是裤装中的基本原型，具备了裤子的基本要素。由前身、后身、腰头三部分组成。前片腰部左右对称，各有一个省道；后片腰部左右对称各有两个省道，前身中缝处开拉锁。

款式图

效果图

成品规格	单位：cm
部位	尺寸
裤长	98
立裆	29
腰围	72
臀围	98

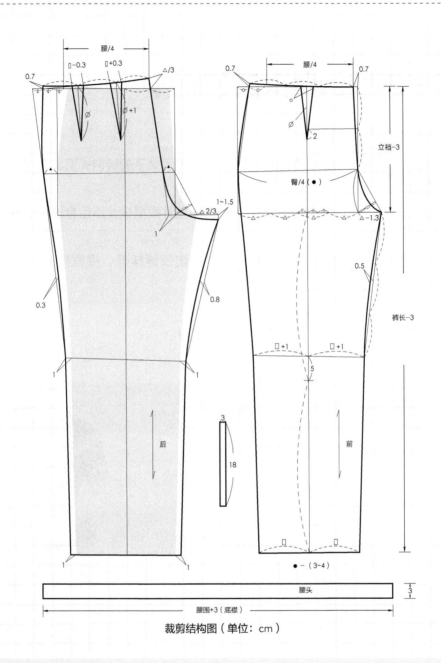

裁剪结构图（单位：cm）

裁剪结构图重点提示：

(1) 前片裤长和立裆均剪掉腰头宽3cm。

(2) 前片腰围和臀围均按成品规格1/4计算。

(3) 前片省道宽为前腰围与前臀围差的1/2，省道长是腰臀距的1/2加2cm。

(4) 前小裆宽是前臀围1/4减1.3cm。

(5) 后裆斜线：在立裆线上，由前裆直线向左1cm，与前裆直线至前裤中线的1/2处相连接。

(6) 后翘高为前臀围1/4的1/3。

(7) 后腰围按成品规格1/4计算。

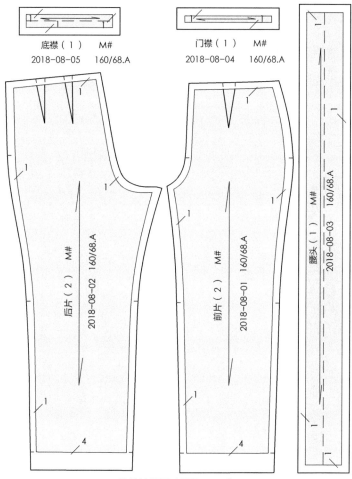

底襟（1） M#
2018-08-05   160/68.A

门襟（1） M#
2018-08-04   160/68.A

后片（2） M#
2018-08-02 160/68.A

前片（2） M#
2018-08-01 160/68.A

腰头（1） M#
2018-08-03 160/68.A

裁剪放缝图（单位：cm）

样板裁片

部位	数量
前片	2片
后片	2片
腰头	1片（里、面）
门衿	1片
底襟	1片

成品图

二、休闲裤的纸样制作及裁剪放缝

款式分析：此款裤子呈H形造型，由前身、后身、腰头三部分组成。立裆以上部位类似牛仔裤造型，腰部为直腰头，在前中缝处开拉锁。裤筒下端出现两条分割线，均缝制明线，裤口为收口状。

效果图

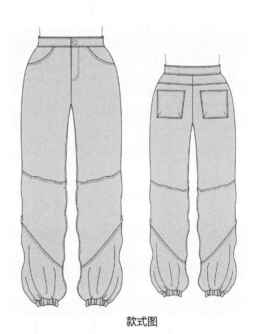

款式图

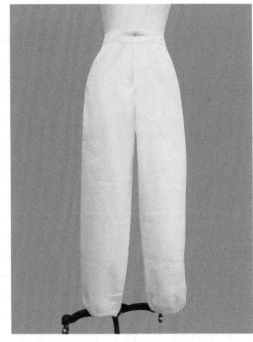

成品图

成品规格　单位：cm	
部位	尺寸
裤长	100
腰围	72
臀围	96
立裆	27
裤口	23

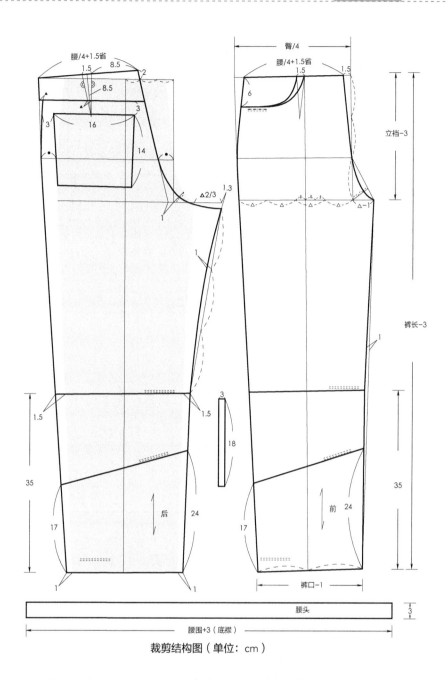

裁剪结构图（单位：cm）

裁剪结构图重点提示：

(1) 前片裤长和立裆均剪掉腰头宽3cm。

(2) 前片腰围和臀围均按成品规格1/4计算。

(3) 前片省道宽1.5cm，缝制时为暗省。

(4) 前小裆宽是前臀围1/4减1cm。

(5) 后裆斜线：在立裆线上，由前裆直线向左1cm，与前裆直线至前裤中线的2/3处相连接。

(6) 后翘高为2cm，后腰围按成品规格1/4计算，省道宽1.5cm。

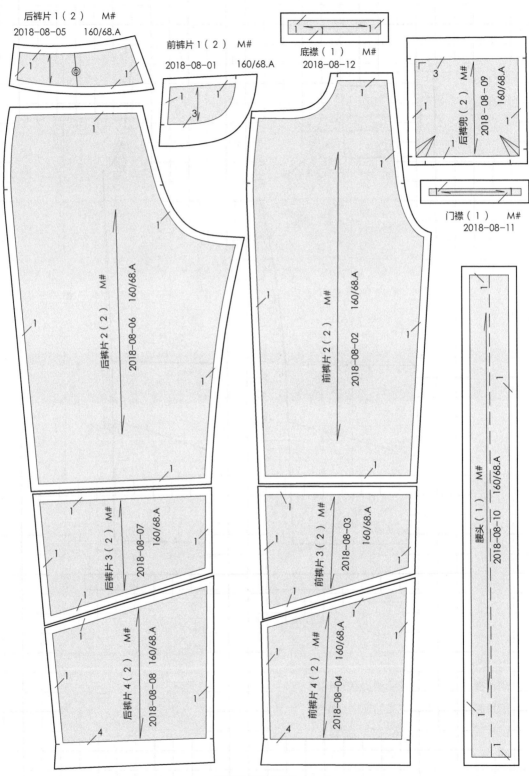

裁剪放缝图（单位：cm）

三、男短裤的纸样裁剪及工艺制作步骤解析

款式分析：此款为前腰无褶裥男式短裤。前兜口缉0.4cm明线，腰头、侧缝、后缝和后兜均缉0.1cm。腰头里口、后裆缝及前、后兜布的边缘均采用斜条滚边。这些部位的缝制方法是此款学习重点。

效果图

款式图

成品规格	单位：cm
部位	尺寸
裤长	45
臀围	110
腰围	90
立裆	27
裤口	30.5

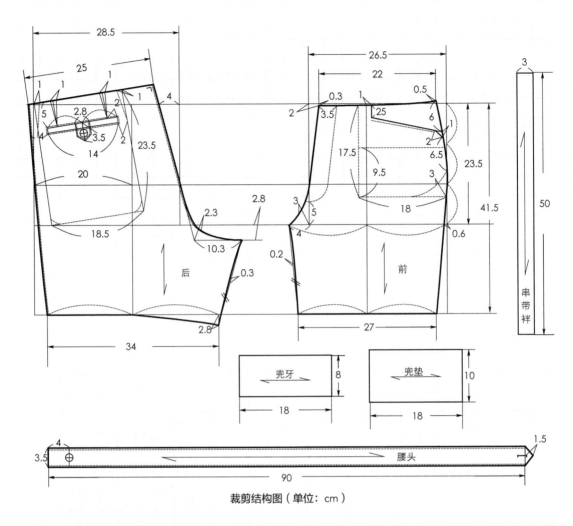

裁剪结构图（单位：cm）

▶ **裁剪结构图重点提示：**

1.前片

(1) 前裤长：裤长尺寸减3.5cm（腰头宽），画上、下平线。

(2) 立裆线：立裆尺寸减3.5cm（腰头宽），由上平线向下画。

(3) 臀围线：上平线至立裆线1/3处，由立裆线向上画。

(4) 前裤长直线：上、下平线之间画垂线。

(5) 前臀围：臀围的1/4－1cm，由臀围线与裤长直线交点处向左画。

(6) 小裆宽：臀围的0.5/10－1.5cm，由前中线向左画。

(7) 前烫迹线：立裆线与裤长直线交点处向左0.6cm，再由0.6cm处至小裆宽端点1/2处画垂线。

(8) 前腰围：腰围的1/4－0.5cm，由前裆线向右画。

(9) 前裤口：前臀围+0.5cm，由烫迹线左、右两侧均分。

2.后片

(1) 延长下平线、立裆线，臀围线、上平线。

(2) 后裤长直线：上、下平线之间画垂线。

(3) 后烫迹线：臀围的2/10－2cm，由上平线向下画裤长直线的平行线。

(4) 后臀围：臀围的1/4+1cm，由臀围线与裤长直线交点处向右画。

(5) 大裆宽：臀围的1/10－0.7cm，由前中线向左画。

(6) 大裆宽下移线：2.8cm，由立裆线向下画。

(7) 后腰围：腰围的1/4+0.5cm+2cm（省），由后裆斜线向左画。

(8) 后裤口：前裤口+7cm，由烫迹线左、右两侧均分。

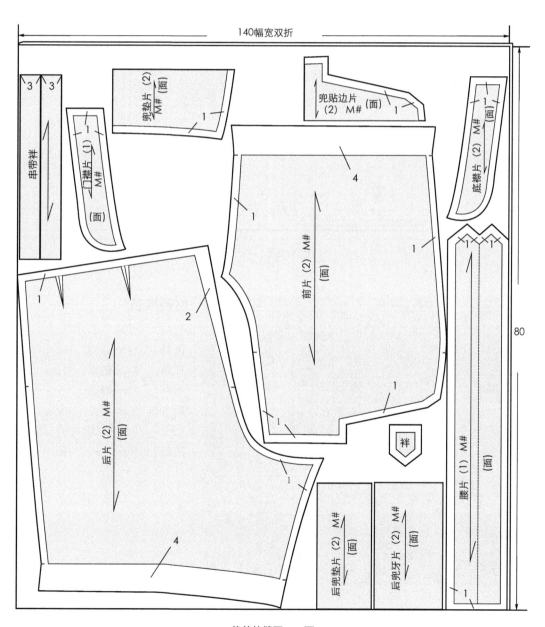

裁剪放缝图——面

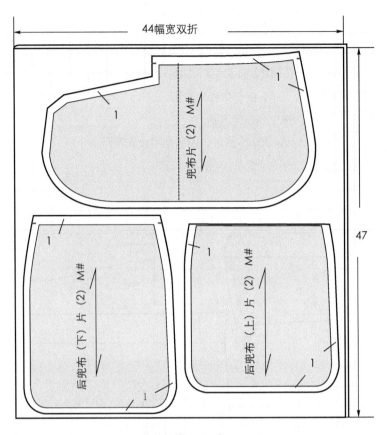

裁剪放缝图——兜

材料图

1—面料； 2—滚条布； 3—无纺衬； 4—兜布； 5—缝纫线； 6—扣子； 7—拉锁

材料准备：

材料	规格	用量
面料	140cm幅宽	80cm
兜布	44cm幅宽	47cm
衬料	35cm幅宽	51cm
斜条料	50cm幅宽	50cm
扣	1.5cm直径	3粒+1粒备扣
拉链	18cm	1条

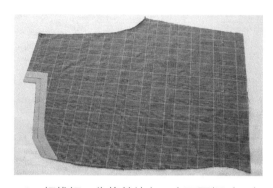

1 打线钉：先将前片左、右正面相对，在
裤口线上打线钉，然后粘烫兜口衬布并
画出净兜口线，然后裤片朝上将前裆缝
进行包缝。

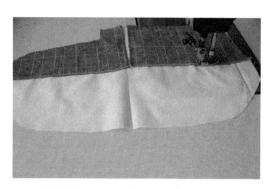

2 缉缝垫兜布及贴边：先将垫兜布、贴边
的正面朝上包缝外口边，然后将其放在
兜布上沿包缝边缉缝，如图所示。

3 做前口袋（1）：将前裤片与贴边兜口正
面相对，前裤片在上沿兜口净线进行
勾缝。

4 做前口袋（2）：如图所示剪开兜口缝边
至线根处，注意不要剪断缉缝线，将兜
口缝边修剪为0.5cm宽。

5 做前口袋（3）：将修剪后兜口缝边倒向
前裤片，过缉缝线0.1cm进行倒烫。

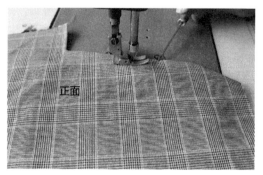

6 做前口袋（4）：将兜口贴边翻至裤片的
反面，裤片正面朝上沿兜口边缝线0.4cm
宽明线。

7 做前口袋（5）：如图所示贴边朝外将裤片夹在兜布的中间，勾缝兜布底口，宽度为0.5cm。

8 做前口袋（6）：熨烫兜布下口。

9 做前口袋（7）：如图所示缉缝0.5cm宽的底口明线。

正面

10 做前口袋（8）：前裤片正面朝上，将裤片与兜布的侧缝部位缉缝固定。

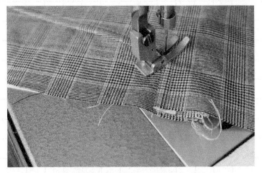

11 做前口袋（9）：前裤片正面朝上，如图所示沿前裤片缉缝0.1cm明线至兜口处，然后呈45°角封结。

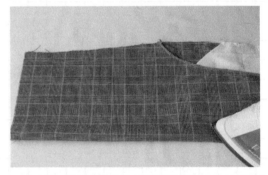

12 熨烫前中线：裤片正面朝外，对折下裆缝与侧缝后垫上水布并进行熨烫。

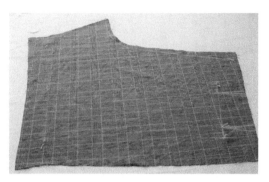

13 打线钉：将左右片正面相对，按净
缝线将省道、兜口、裤口、裆缝处
打线钉。

14 缉缝省道（1）：裤片正面相对按线
钉缉缝省道，将省道倒向后裆缝并
进行熨烫。

15 缉缝省道（2）：裤片反面朝上，在
兜口的位置上粘烫衬布，宽度为
3cm，长度比兜口长3cm。

16 画兜位：裤片正面朝上，按线钉画
出兜口的位置。

17 粘衬布：先在垫兜布、兜牙布的反
面粘烫衬布，然后画出兜口的宽
度线。

18 做扣袢（1）：在扣袢面的反面粘烫
衬布，先按小样板画出净缝线，
里、面正面相对按净缝线缉缝，剪
掉缝边并翻正。

19 做扣衬（2）：翻正扣衬并熨烫，扣衬面朝上，缉缝0.1cm宽明线。

20 挖兜（1）：裤片正面朝上，将兜布垫在裤片的反面，先将垫兜布与裤片正面相对，对准兜口线进行缉缝，然后将兜牙布与裤片正面相对，扣衬反面朝上夹在中间，对准兜口线进行缉缝，注意缉缝线的两端一定要"回针"缉牢固。

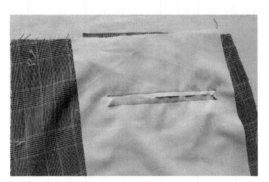

21 挖兜（2）：沿兜口中线剪开裤片，距兜口两端1cm处分别剪成三角状，上图显示为兜口的反面状态。

22 挖兜（3）：倒烫缝边，将兜牙布翻至裤片的反面，缝边倒向裤片并熨烫。

23 挖兜（4）：烫兜牙，按兜牙的宽度将兜牙布向下扣烫。

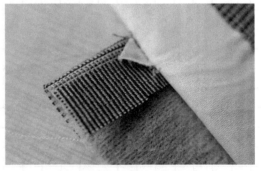

24 挖兜（5）：固定兜口端，将开兜剪出的三角折至裤片的反面，并沿根部缉缝固定。

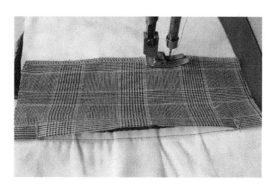

25 挖兜（6）：缉缝下口明线，裤片正面朝上，由兜口侧面开始再转至兜口下口，沿裤片缉缝0.1cm宽明线将兜牙宽固定。

26 挖兜（7）：将裤片翻至反面，沿包缝边将兜牙布与兜布固定。

27 挖兜（8）：缉缝上口明线，先将另一片兜布齐腰口垫在兜口处，兜口上口缝边向上倒，裤片正面朝上，由兜口侧面开始再转至兜口上口，沿裤片缉缝0.1cm宽明线将兜上口固定。

28 挖兜（9）：将裤片翻至反面，沿包缝边将垫兜布与兜布固定。

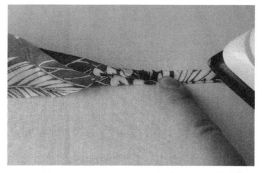

29 挖兜（10）：将两层兜布的外口边缝合，宽度为1cm。

30 挖兜（11）：斜条正面朝外，如上图所示进行扣烫，注意下层比上层少0.1cm宽。

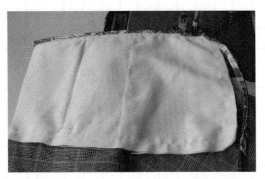

31 挖兜（12）：斜条上层朝上将兜外口边包裹，沿斜条上层边绲缝0.1cm宽明线。

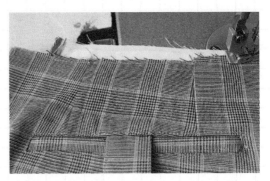

32 挖兜（13）：将裤片的腰口与兜布固定，宽度为0.5cm。

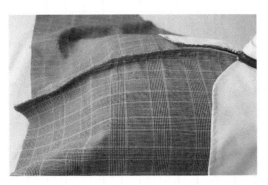

33 缝合侧缝：前后裤片正面相对缝合侧缝，将前片朝上进行包缝并倒向后片熨烫。

34 绲缝侧缝明线：裤片正面朝上沿后片绲缝0.1cm宽明线。

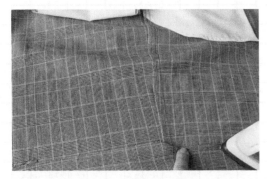

35 熨烫贴边：裤片反面朝上，沿裤口线钉三折，边熨烫贴边。

36 缝合下裆缝：前后裤片正面相对缝合下裆缝，将前片朝上进行包缝并倒向后片熨烫。

37 绌缝裤口明线：裤贴边朝上，沿三
折边绌缝0.1cm宽明线。

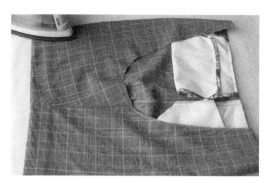

38 熨烫后中线：裤片正面朝上熨烫后
片裤中线。

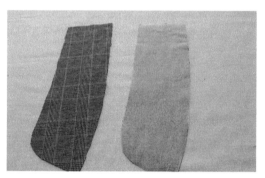

39 做底襟（1）：在底襟面的反面粘烫
衬布。

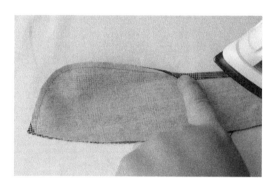

40 做底襟（2）：底襟里、面正面相对
勾缝底襟外口弧线，修剪缝边为
0.5cm，将缝边倒向底襟面，过绌线
以0.1cm宽熨烫。

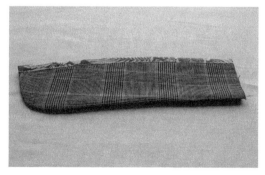

41 做底襟（3）：翻正底襟并正面朝
上，用斜条包裹底襟里口缝边，方
法与后兜条相同。

42 固定拉锁右边：将拉锁正面朝上，
齐底襟里口裹边绌缝固定。

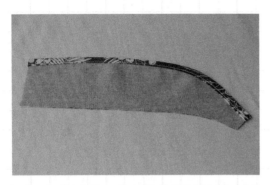

43 做上襟：在上襟反面粘烫衬布，正面朝上用斜条包裹外口缝边。

44 缝合前小裆缝：前左右片正面相对，由门襟底端缝至下裆线。

45 勾上襟（1）：将上襟片与左前片正面相对，上襟片过门襟底端2cm，对齐前裆缝勾缝1cm。

46 勾上襟（2）：先将勾缝边倒向前片，过0.1cm宽并熨烫，然后将上襟翻至裤片反面，裤片正面朝上，沿前裆缝缉0.1cm宽明线。

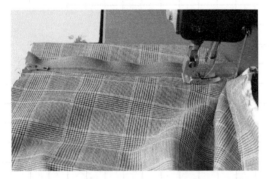

47 绱底襟：先扣净左前片的裆缝毛边，将其压在底襟拉锁上并沿裆缝净边缉0.1cm宽明线。

48 固定拉锁左边：打开上襟并正面朝上，如图所示将拉锁与其固定，注意左、右前裆缝要相搭0.1cm宽。

49 缉门襟明线：打开前左、右片，将
底襟倒向右片反面，按样板要求由
上至下缉门襟明线。

50 门襟缝结（1）：裤片正面朝上，将
底襟正面朝上放平，拉上拉锁并在
门襟底端呈45°缝结。

51 门襟缝结（2）：裤片翻至反面，将
上襟、底襟外口底端固定。

52 缝合后裆缝：左、右后裤片正面相
对，先接前裆缝，缝合后裆缝，右
片朝上进行双包缝，然后倒向左片
并熨烫，注意要与前裆的劈缝烫顺。

53 缉裆缝明线：裤片正面朝上，由腰
口沿左裤片缉0.1cm宽明线至门襟底
端处。

54 做腰头（1）：在腰头的反面粘烫衬
布，将左、右腰头进行拼接并
劈缝。

55 做腰头（2）：在腰头的反面画出净缝线分出腰头的里与面，如上图所示将腰头里的毛边用斜条滚边。

56 绱带袢：将带袢的反面朝上与腰口缝边对齐并固定，宽度为0.5cm。

57 绱腰头（1）：将腰头面与裤片正面相对，腰头面在上沿净缝线缉缝。

58 绱腰头（2）：腰头里、面正面相对，勾缝腰头上襟外口。

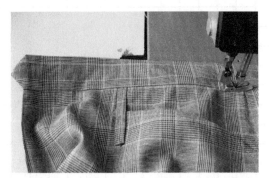

59 绱腰头（3）：固定腰里，翻正腰头并沿腰头里口缉缝0.1cm明线。

60 绱腰头（4）：固定带袢，裤片正面朝上，如图所示由腰头里口向下1cm处缉缝并进行"回针"。

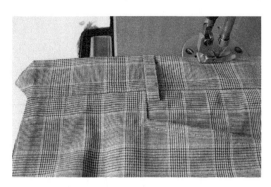

61 缉缝明线：裤片正面朝上，沿腰头上口缉缝0.1cm明线，齐腰头上口折净带衬并固定。

62 锁眼并钉扣：在腰头的上襻锁眼，底襻上钉扣。左后兜在扣衬上锁眼，裤片上钉扣，右兜在裤片上锁眼，垫兜布上钉扣。

检查各部位尺寸无误后，剪掉线头并整烫。

思考与实践

(1) 查找4～5款裤子设计造型，根据造型分析其特点及结构关系。

(2) 根据流行趋势设计1～2款裤子造型，确定成品规格尺寸，绘制1：1比例纸样图。

(3) 选择纸样，独立缝制成品一件。

第三章
上装造型的
裁剪工艺制作

教学内容

本部分讲解了上装的款式设计的表达，不同品种
上装的裁剪、放缝、工艺制作的技巧，其中包括基础
款衬衫、休闲衬衫、女西装、短上衣、男西装、女大
衣、男大衣。

教学目的

通过本部分内容的学习，要求学生掌握衬衫、男女西装
的裁剪放缝、缝制工艺制作。

重点与难点

掌握基础衬衫的纸样裁剪制作，其中重点掌握西装的工
艺制作，西装袖的开衩、覆衬及领子工艺制作为本
部分的难点。

实例 **3-1**
衬衫造型的裁剪工艺制作

学习目标

(1) 通过对衬衫造型的结构绘制，使学生理解衬衫的结构关系，准确地设计成品规格尺寸。

(2) 通过训练，掌握衬衫效果图、款式图的表达并根据设计造型合理地绘制出结构裁剪图。

(3) 根据结构裁剪图准确地分解裁片，绘制出放缝样板，根据样板制作成品立体造型。

一、基础款女衬衫纸样制作及裁剪放缝

款式分析：此款造型是女装衬衫中的基本造型，具备了衬衫的基本要素，是初学者的最佳选择。由前身、后身、袖子和领子四部分组成。前身中缝有搭门，单排扣共五粒扣子；领子为关门领；袖子为一片圆肩袖，袖口呈散口状；前片腋下有省道，衣摆为直身下摆。

款式图

效果图

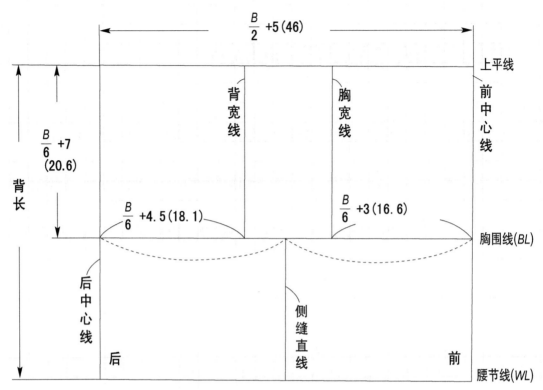

净胸围（B）为82

绘制基础线一（单位：cm）

▼ 女衬衫基础原型绘制提示：

1.绘制基础线提示

(1) 纵向取背长38cm，横向取净胸围(B)／2+5cm(放松量)，作一长方形。长方形的右边线是前中心线，左边线是后中心线，上边线为上平线，下边线是腰节线。

(2) 作胸围线(袖窿深线)：距上平线B／6+7cm作一水平线为胸围线(袖窿深线)。

(3) 作胸宽线、背宽线：在胸围线上，分别从前、后中心线起取B／6+3cm和B／6+4.5cm作胸围线的垂线，并与上平线相交，两线分别为胸宽线和背宽线。

(4) 作侧缝直线：取胸围线中点向下作垂线为侧缝直线。

(5) 后领宽：取B／20+2.9cm，由后中线向右画。

(6) 后领翘：后领宽的三分之一，由上平线向上画。

(7) 后肩坡：后领宽的三分之一，由上平线向下画。

(8) 前领宽：取后领宽－0.2cm，由前中线向左画。

(9) 前领深：取后领宽＋1cm，由上平线向下画。

(10) 前肩坡：取▲×2，由上平线向下画。

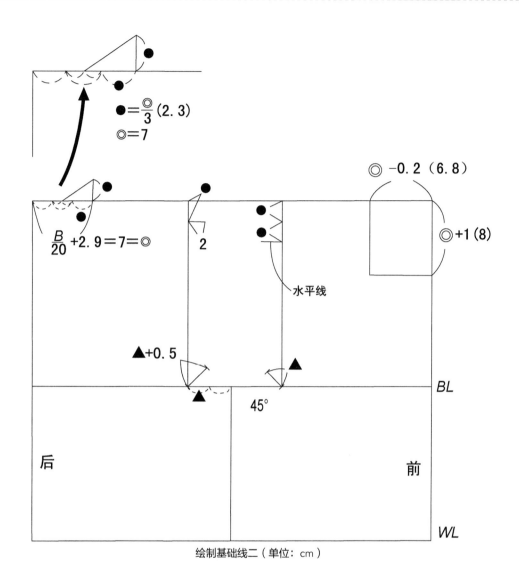

绘制基础线二（单位：cm）

2.绘制轮廓线提示

(1) 根据后领宽绘制后领口弧线、后肩线。

(2) 绘制袖窿弧线、侧缝线。

(3) 绘制前领口弧线。

(4) 前肩线：前片颈侧点比基础线降低0.5cm，后小肩减1.8cm。

(5) 绘制前袖窿弧线。

(6) 确定胸点位置：前宽的1/2向左0.7cm，再向下4cm为胸点（BP点）。

(7) 前后差：为前领宽的1/2，腰节线向下画。

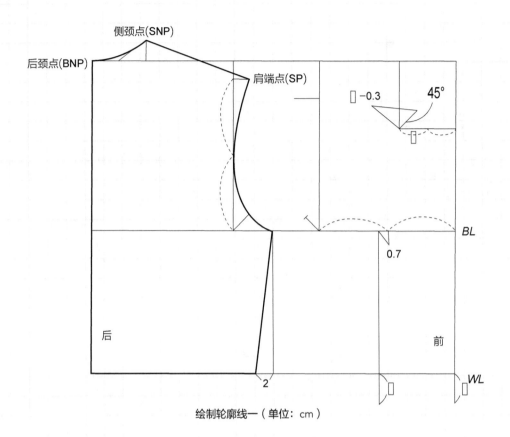

侧颈点(SNP)

后颈点(BNP)

肩端点(SP)

－0.3

45°

BL

0.7

后

前

2

WL

绘制轮廓线一（单位：cm）

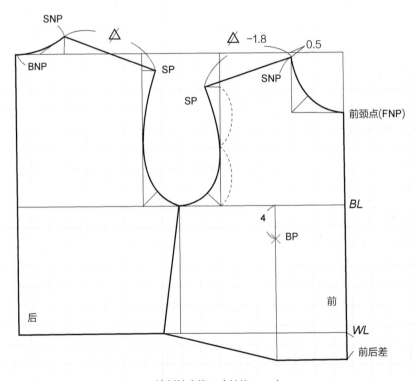

SNP

BNP

SP

△

△ －1.8

0.5

SNP

SP

前颈点(FNP)

BL

4

BP

后

前

WL

前后差

绘制轮廓线二（单位：cm）

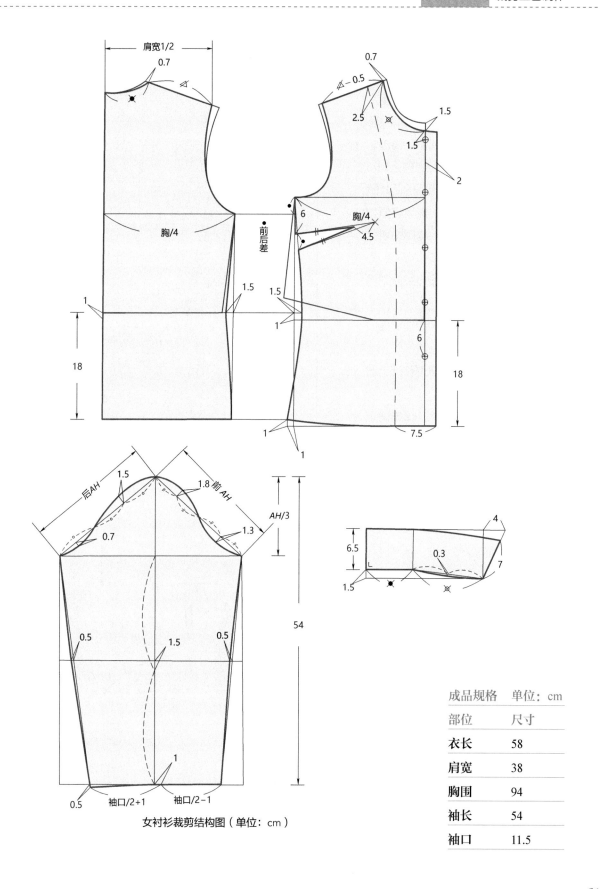

女衬衫裁剪结构图（单位：cm）

成品规格	单位：cm
部位	尺寸
衣长	58
肩宽	38
胸围	94
袖长	54
袖口	11.5

女衬衫结构绘制提示:

(1) 先绘制一条水平线为前身腰节线,将原型的前片腰线与之重合并摆正,然后将原型的轮廓线画好,如结构图所示的蓝色线迹。

(2) 在前身腰节线的基础上向上1cm画后身腰节线,将原型的后片腰线与之重合并摆正,然后将原型的轮廓线画好,如结构图中所示的蓝色线迹。

(3) 衣长尺寸为前、后腰节线分别向下18cm。

(4) 在前片中线基础上向右加出搭门量1.5cm。

(5) 前、后领宽分别在原型基础上放宽0.7cm。

(6) 根据成品规格肩宽的1/2先确定后片肩宽,然后依据后小肩剪掉0.5cm绘制前小肩。

(7) 前、后袖窿深根据原型尺寸。

(8) 前、后胸围大小为成品规格胸围的1/4。

(9) 以后身袖窿深线为准,水平画线至前身侧缝,量出前、后袖窿差的宽度,即省道宽。

(10) 袖长为成品规格,袖山深线是前、后衣身袖窿弧线长度(AH)的1/3。

(11) 袖肥:测量前衣片袖窿弧线为前AH,测量后衣片袖窿弧线为后AH,根据其长度由袖山高分左右向袖山深线上画斜线。

(12) 领子绘制:测量前领口和后领口尺寸,绘制1/2领子,领子宽为6.5cm。

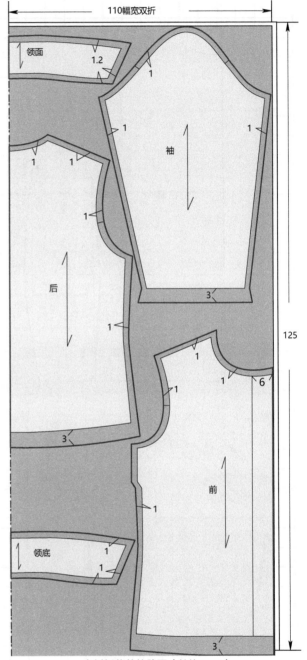

女衬衫裁剪放缝图(单位:cm)

二、基础款女衬衫的工艺制作步骤解析

1 画省道：按样板将前衣片腋下省道的位置用画粉画在裁片的反面，也可以用打线钉的方法，省道宽两端可打0.3cm剪口。

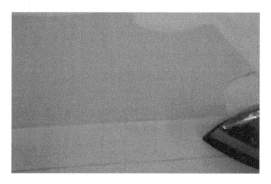

2 粘烫衬布：选择与衬衫材质薄厚一致的无纺黏合衬布，按过面的宽窄裁剪后粘在前衣片的反面，要求左右一致。

3 扣烫底边（1）：先将前衣片反面朝上，按照底边净缝线用熨斗扣烫贴边。

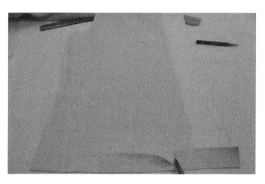

4 扣烫底边（2）：距止口3cm处在贴边上剪开1cm剪口。

5 扣烫底边（3）：将1cm剪口毛边向里折净并烫平服。

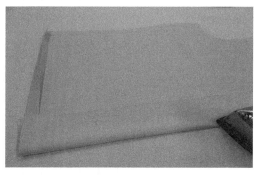

6 烫过面：衣片反面朝上，按止口线将过面折烫平服。

7 包缝过面：衣片正面朝上用包缝机包缝过面外口毛边，左、右片方法相同。

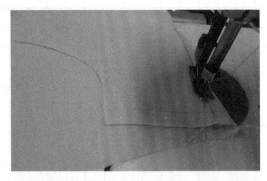

8 缉缝省道：衣片反面朝外，将省道宽的两端剪口相对，沿省道边进行缉缝，注意开头和结尾均需要"回针"固定。

9 熨烫省道：衣片反面朝上，将省道倒向袖窿进行熨烫，注意省尖处熨烫平服。

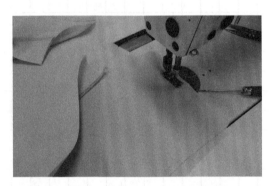

10 缝合肩缝：前后衣片正面相对，前片在上缝合小肩缝，注意将后小肩"吃量"吃缝均匀。

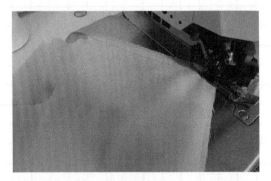

11 包缝肩缝：前衣片朝上用包缝机包缝左右小肩缝。

12 烫肩缝：将小肩缝倒向后衣片进行熨烫。

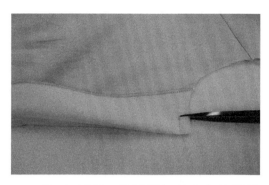

13 勾领嘴：将过面与前衣身正面相
对，按净缝线勾缝领嘴，注意结尾
处"回针"，然后垂直打剪口至线
根处。

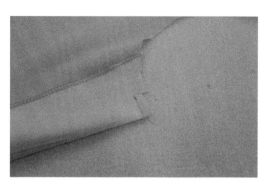

14 修剪领嘴缝边：将领嘴的缝边修剪
为0.5cm。

15 倒烫领嘴缝边：将修剪的领嘴缝边
倒向大身进行熨烫。

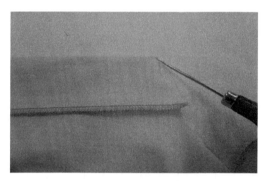

16 翻烫领嘴：将倒烫的领嘴翻正，可
用锥子将边角处挑平整，然后用熨
斗熨烫平服。

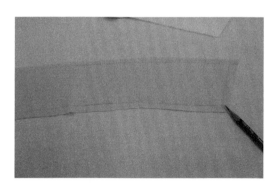

17 制作领子（1）：将领子净样画在领
里的反面。

18 制作领子（2）：将领衬布粘烫在领
面的反面，注意衬布熨烫平服、
牢固。

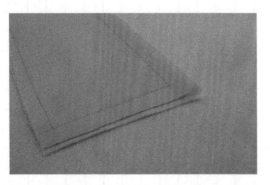

19 制作领子（3）：领面与领里要求有相应的"吃量"，在领外口处领面比领里大0.3cm左右即可。

20 制作领子（4）：领里与领面正面相对，由左到右沿领子外口的净缝线进行勾缝，注意将已留的"吃量"进行吃缝，开头结尾均需要"回针"。

21 制作领子（5）：将勾缝好的领子外口缝边修剪为0.5cm宽。

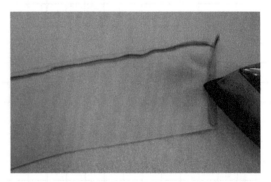

22 制作领子（6）：将领子外口边倒向领面片，注意要求露出勾缝线迹0.1cm宽进行熨烫。

23 翻烫领子：将倒烫的领子翻正，用锥子将左右领尖调整对称，领里朝上熨烫领子外口，要求平服。

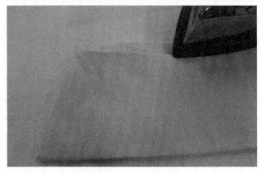

24 折烫领里口：将领面的里口边按净缝线向里折净并熨烫。

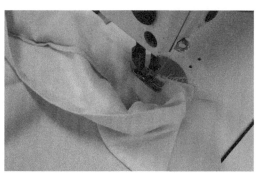

25 绱领子（1）：将领里的后中点打个
0.3cm的剪口，领里与衣身领口正面
相对，沿净缝线绱缝领子。

26 绱领子（2）：检查绱缝的领子是否
对称，然后将缝边倒向领子并熨
烫，注意不要抻拉，要求随领口弧
线熨烫。

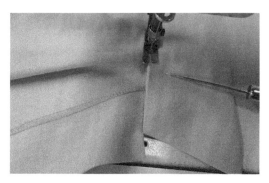

27 绱领子（3）：领面的折净边将绱领
的勾缝线迹压住，沿扣净边缉缝
0.1cm明线。注意绱缝的领子各部位
要求平服、无毛漏。

28 制作袖子（1）：袖片反面朝上，按
净缝线将袖口贴边进行折烫。

29 制作袖子（2）：按三折边要求，再
将袖口贴边向里折净1cm宽度。

30 绱袖子：采用平片绱法，将袖片放
在下面，衣身袖窿与袖山弧线正面
相对，肩缝对准袖中点，沿净缝线
绱缝袖子，注意袖山部位略带
"吃量"。

31 熨烫袖窿：将绱好的袖窿衣身朝上进行包缝，然后将袖窿边倒向袖片并随弧线熨烫袖窿。

32 缝合侧缝：前后衣身正面相对，按净缝线缝合衣身侧缝及袖子缝边，注意袖口、衣身贴边均为打开状态，开头结尾均要求"回针"。

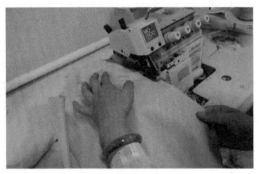

33 包缝侧缝：前衣身朝上，沿侧缝毛边进行包缝。

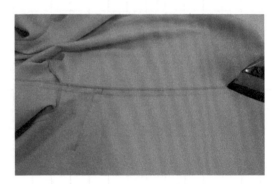

34 倒烫侧缝：侧缝、袖缝边倒向后片进行熨烫，要求熨烫平服。

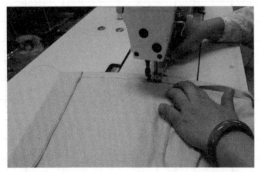

35 缉缝底边：先将衣身的底边前后扣烫圆顺，沿折净边缉缝0.1cm明线，注意将过面底边固定平服。

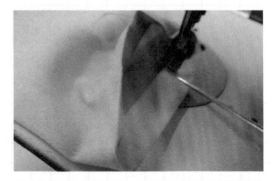

36 缉缝袖口：沿折净的袖口边缉缝0.1cm明线，注意平服。

三、休闲男衬衫纸样制作及裁剪放缝

款式分析：此款为休闲男衬衫，各部位尺寸较为宽松。领子、过肩、门襟外翻贴边、贴兜、兜盖、袖缝、袖窿及侧缝均缉0.1～0.8cm双明线。贴兜和后身中间的位置有对褶。领子、过肩、袖开衩、门襟外翻贴边、贴兜、兜盖的制作方法是学习的重点。

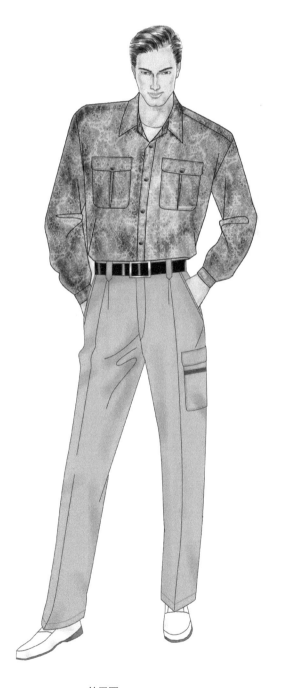

效果图

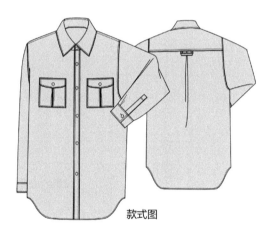

款式图

成品规格	单位：cm
部位	尺寸
衣长	76
胸围	114
总肩宽	50
袖长	61
袖口	27
领围	41

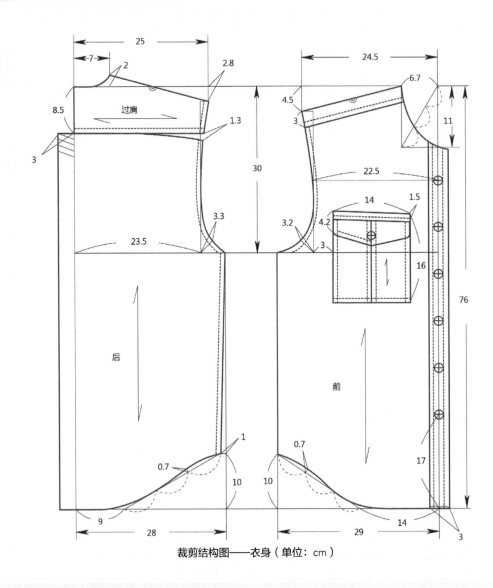

裁剪结构图——衣身（单位：cm）

▶ 裁剪结构图绘制提示：

1.前片

(1) 衣长：根据衣长尺寸，画上、下平线。

(2) 袖窿深线：胸围的2/10+7.2cm，由上平线向下画。

(3) 搭门宽：搭门宽1.5cm，由前中线向右画。

(4) 前肩坡：胸围的0.5/10－1.2cm，由上平线向下画。

(5) 前领深：领围的2/10+2.8cm，由上平线向下画。

(6) 前领宽：领围的2/10－1.5cm，由前中线向左画。

(7) 胸宽：胸围的2/10－0.3cm，由前中线向左画。

(8) 前肩宽：总肩宽的1/2－0.5cm，由前中线向左画。

(9) 前胸围：胸围的1/4+0.5cm，由前中线向左画。

2.后片

(1) 延长下平线、袖窿深线、上平线。

(2) 后中线：延长的上平线、下平线之间画垂线。

(3) 后领宽：领围的2/10 - 1.2cm，由后中线向右画。

(4) 领翘：定寸2cm，由上平线向上画。

(5) 后肩坡：胸围的0.5/10 - 2.9cm，由上平线向下画。

(6) 背宽：胸围的2/10+0.7cm，由后中线向右画。

(7) 后肩宽：总肩宽的1/2，由后中线向右画。

(8) 后胸围：胸围的1/4 - 0.5cm，由后中线向右画。

(9) 后中褶裥线：由后中线与上平线向下8.5cm的交点处向左3cm后中线的画平行线。

3.袖子

(1) 袖长尺寸减6cm（袖头），画上、下平线。

(2) 袖山线：胸围的1/10 - 4.9cm，由上平线向下画。

(3) 袖中线：由上平线中间位置向下画垂线。

(4) 袖根肥：依据前、后袖窿弧线长度的1/2 - 0.5cm，由上平线与袖中线的交点处分别向左、右
两侧袖山线画斜线。

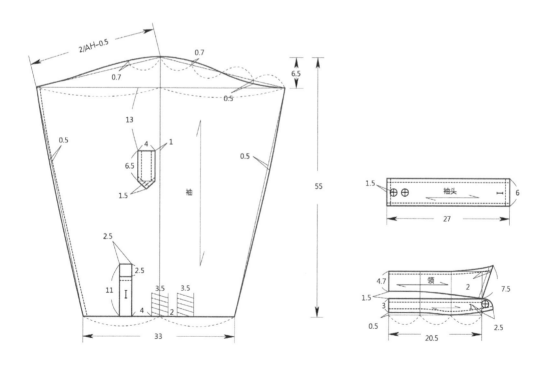

裁剪结构图——袖、领（单位:cm）

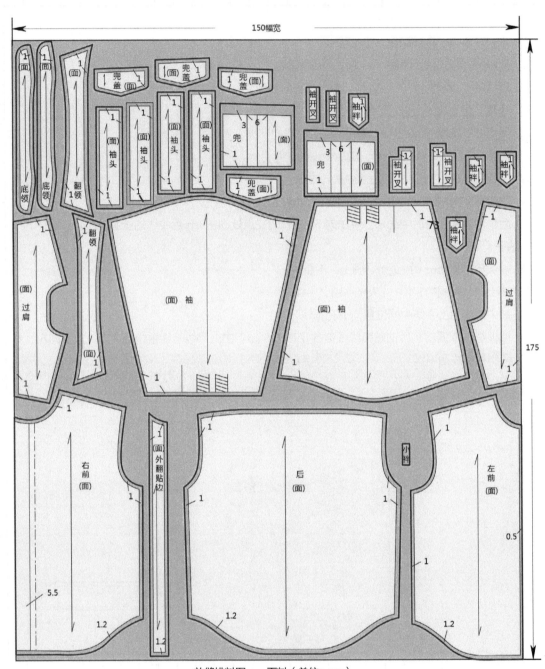

放缝排料图——面料（单位：cm）

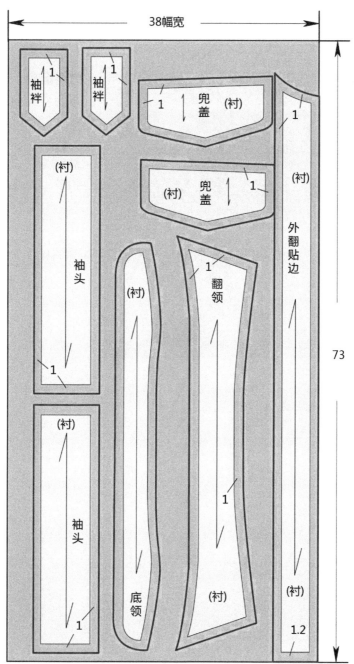

衬布排料图（单位:cm）

四、休闲男衬衫的工艺制作步骤解析

材料图

1—面料；2—无纺衬；3—缝纫线；4—扣子

材料准备：

材料	规格	用量
面料	150cm幅宽	175cm
无纺衬	38cm幅宽	73cm
缝纫线		1轴
扣子	1cm直径	12粒＋1粒备扣

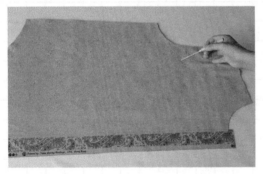

1 确定口袋位：先将前片的左右对齐，然后用锥子尖将口袋位扎透，以保证左右对称。

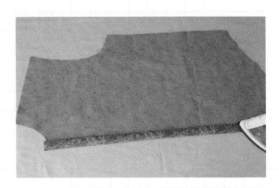

2 扣烫右贴边：将右前片的反面朝上，将贴边三折边扣烫，注意止口要烫顺直。

3 做左外翻边（1）：在贴边布的反面粘烫
衬布。

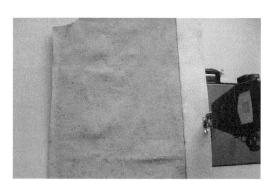

4 做左外翻边（2）：将左前片、贴边反面
朝上，对齐止口后进行缝合，宽度为
1cm。

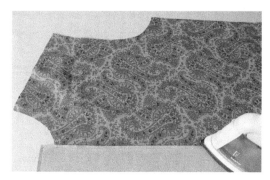

5 做左外翻边（3）：将缝合的止口边倒向
衣片熨烫。

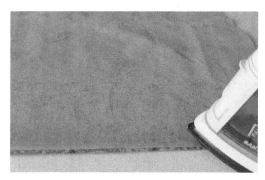

6 做左外翻边（4）：如图所示扣烫止口，
过缉缝线0.5cm宽熨烫。

7 做左外翻边（5）：按外翻边3.5cm宽扣
烫另一端毛边。

8 做左外翻边（6）：按设计要求缉缝0.1cm、
0.8cm宽的双明线，外翻边的两侧方法
相同。

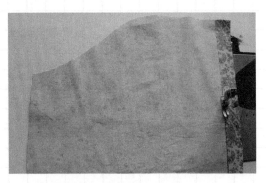

9 缉缝右贴边：右前片反面朝上，沿折边缉缝0.1cm的明线。

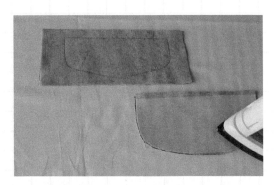

10 做袋盖（1）：用小样板在袋盖里的反面画出净缝线，然后在袋盖面的反面粘烫衬布。

11 做袋盖（2）：袋盖里、面正面相对，袋盖里在上，由上口毛边开始勾缝。注意袋盖面因面料的薄厚要进行"吃缝"。

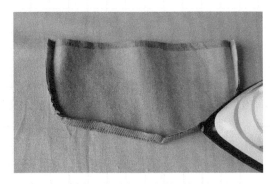

12 做袋盖（3）：修剪缝份为0.5cm，将缝边倒向袋盖面，过缉缝线0.1cm熨烫。

13 做袋盖（4）：翻正袋盖，袋盖里朝上，用锥子将圆角处修整圆顺后熨烫。

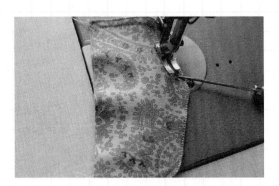

14 做袋盖（5）：袋盖面朝上，按要求缉缝0.1cm、0.8cm宽的双明线。

15 做口袋（1）：将口袋的对褶量按要求折烫。

16 做口袋（2）：沿折烫边缉缝0.1cm、0.8cm宽的双明线，两烫边相同。

17 做口袋（3）：三折边扣烫口袋上口，宽度为2.5cm，如图所示缉缝0.1cm明线。

18 做口袋（4）：根据样板要求扣烫口袋布的毛边。

19 缉缝口袋及袋盖（1）：前片的正面朝上，将口袋布对准袋位点，缉缝口袋的三边，宽度为0.1cm、0.8cm。

20 缉缝口袋及袋盖（2）：将袋盖的上口缝边修剪为0.5cm，袋盖里朝上并对准袋盖位后进行缉缝。

21 缉缝口袋及袋盖（3）：如图将袋盖放平后缉缝0.1cm、0.8cm宽的双明线。

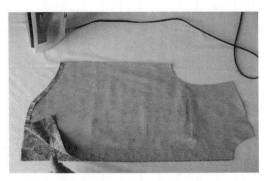

22 烫底边：按净缝线折烫衣底边，注意左右片要对称。

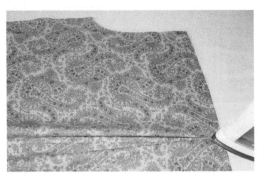

23 固定褶位：后片正面朝上，将褶量对折并固定。

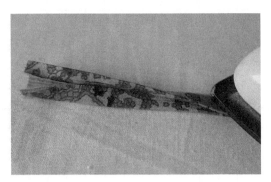

24 做小裆（1）：先将两侧毛边对折，然后再对折，注意上层略窄，为0.1cm宽。

25 做小裆（2）：沿折烫边缉缝0.1cm宽明线。

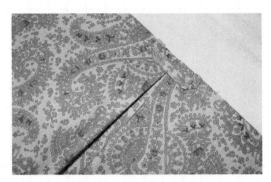

26 缉缝小裆：如图所示将裆左右对称缉缝在后片中缝处。

27 勾缝过肩：两层过肩正面相对，将后衣片正面朝上，夹在两层过肩中间，对准后中点后进行勾缝。后衣片正面朝上，沿过肩缉缝0.1cm、0.8cm宽的双明线。

28 勾缝前肩缝：打开双层过肩，将后片正面朝上，将前衣片与过肩正面相对，对齐小肩缝，卷折前衣身。将下层的过肩与小肩缝对齐，前衣片夹在两层过肩中间，三层一起进行勾缝，然后翻出前衣片，正面朝上沿过肩缉缝0.1cm、0.8cm宽的双明线。

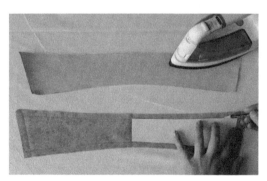

29 做领子：将衬布粘烫在翻领面上，在翻领里上用小样板画出净缝线。

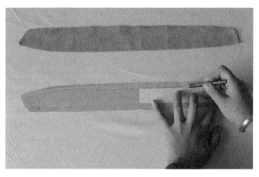

30 将衬布粘烫在底领面的反面，然后用小样板画出净缝线。

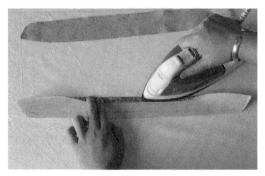

31 按净缝线折烫领里口的缝边。

32 缉底领明线：沿折烫后的领里口边缉缝0.4cm的明线，以起到固定底领衬布的作用。

33 勾翻领：将粘上衬布的翻领面与翻领里正面相对，翻领里朝上，沿净缝线进行绢缝，注意领面要"吃缝"。

34 剃缝边：将已勾缝的翻领缝边修剪为0.5cm，领尖的缝边修剪为0.2cm宽。

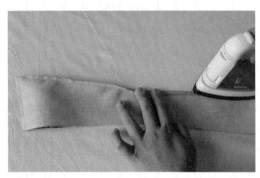

35 倒烫领外口：将缝边倒向翻领面，过绢缝线0.1cm熨烫。

36 翻烫翻领并绢明线：将领正面翻出，注意领尖要左右对称；再将领里朝上，熨烫领外口，不要出现"倒吐"现象；然后翻领面朝上，沿领外口绢缝0.1cm、0.8cm宽的双明线。

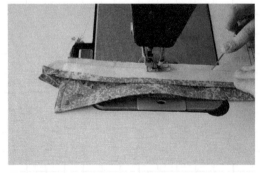

37 勾缝领中口：将翻领面朝上，夹在底领里、面之间，对准领中点，底领面在上开始勾缝领中口。

38 翻烫领嘴：将勾缝的领中口缝边修剪成0.5cm宽，翻正中口，然后用锥子将领嘴圆角处修整圆顺后熨烫。

39 检查领子的左右是否对称。

40 缉领中口明线：领底面朝上，如图所示缉领中口明线。

41 绱领子：领底里与衣身正面相对，领子在上，由左止口开始绱缝领子，注意要对准领中点。

42 压缉领里口明线：如图所示，在领中口线上由翻领0.8cm宽的明线处开始沿领嘴圆角缉0.1cm宽明线，转至领嘴处，再将领口的缝份夹在领底内，接缉0.1cm宽的领里口明线，注意左右要求对称。

43 压缉领中口双明线：领子正面朝上，由右至左沿领底面缉缝0.1cm宽明线。

44 做袖衩（1）：用小样板在袖衩里的反面画上净缝线，然后在袖衩面的反面粘烫衬布。

45 做袖衩（2）：袖衩里、面正面相对，袖衩里在上进行勾缝。如图所示，注意袖衩面要因面料的薄厚进行"吃缝"。

46 做袖衩（3）：修剪缝份为0.5cm，将缝边倒向袖衩面，过缉缝线0.1cm熨烫，翻正袖衩，袖衩里朝上，用锥子将尖角处修整后熨烫。

47 做袖衩（4）：袖衩面朝上，按要求缉缝0.1cm、0.8cm宽的双明线。

48 缉缝袖衩（1）：将袖衩的上口缝边修剪为0.5cm，袖衩里朝上并对准袖衩位后进行缉缝。

49 缉缝袖衩（2）：如图所示，将袖衩放平后缉缝0.1cm、0.8cm宽的双明线，根据样板剪开袖子的开衩线。

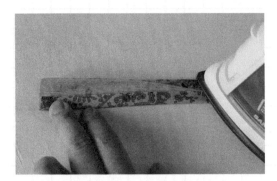

50 做袖开衩：与扣烫后片小衩方法相同，扣烫开衩底襟宽度为1cm，注意底襟里要求比底襟面宽0.1cm。

51 扣烫袖开衩贴边：将开衩贴边反面朝上，如图所示扣烫一侧毛边，按贴边宽度折烫止口边，然后根据样板要求扣烫贴边上端的边缘处。

52 缉缝袖开衩（1）：袖子正面朝上，将开衩的小片毛边夹在底襟中间，注意毛边要顶住底襟双折边。

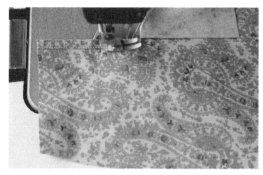

53 缉缝袖开衩（2）：沿底襟面缉缝0.1cm宽明线。

54 缉缝袖开衩（3）：将开衩贴边正面与袖子反面相对，贴边在上，如图所示，沿贴边里勾缝1cm宽，注意贴边的上端毛边要与开衩的顶端对齐。

55 将贴边翻至正面，开衩缝份夹在贴边内，由袖口处开始沿贴边面缉缝0.1cm宽明线，不要断线转至贴边的另一侧，缉缝至开衩根部向下1cm处，如图所示封结双道明线。

56 固定袖褶：将袖褶量折叠倒向袖开衩并缉缝0.5cm宽。

57 绱袖子（1）：衣身与袖子正面相对，袖子在上，将袖窿缝边与袖山缝边对齐后进行绱缝，注意左右袖要绱正确。

58 绱袖子（2）：袖片朝上进行包缝。

59 绱袖子（3）：将袖窿缝边倒向衣身并沿衣身绱缝0.1cm、0.8cm宽明线。

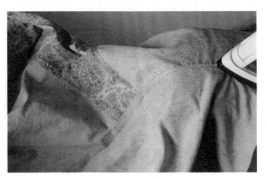

60 绱袖子（4）：将衣身反面朝上放在铁凳上，如图所示，随袖窿的弯度进行熨烫。

61 绱缝侧缝（1）：将前后袖正面相对，按净缝线绱缝侧缝至前后衣身的下摆处。

62 绱缝侧缝（2）：见前片包缝缝边，然后将缝边倒向后身熨烫。

63 缉缝侧缝（3）：打开前后衣片，衣身正面朝上，沿后片缉缝0.1cm、0.8cm宽明线。

64 扣烫后身底边：要求与前片接烫圆顺，再将底边三折边扣烫。

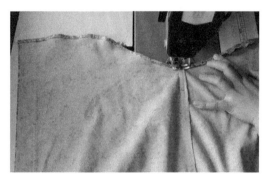

65 缉缝底边：沿三折边由左至右缉缝0.1cm明线。

66 制作袖头（1）：将衬布粘烫在袖头面的反面，再将袖头的上口边进行扣烫，然后在袖头里的反面用小样板画出净缝线。

67 制作袖头（2）：沿扣烫后的净边缉缝0.8cm宽明线。

68 制作袖头（3）：将袖头里、面正面相对，袖头里在上，沿净缝线勾缝袖头外口，注意袖头面要略"吃缝"。

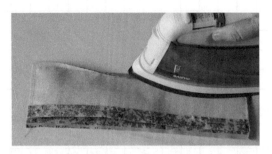

69 制作袖头（4）：修剪袖头外口的缝边为0.5cm宽，再将缝边倒向袖头面并熨烫。

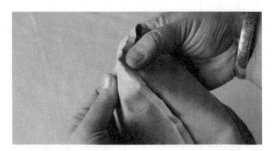

70 制作袖头（5）：将缝边倒向袖头面，用手指捏住缝边将袖头翻出，袖头里朝上熨烫外口，注意不要出现"倒吐"现象。

71 绱袖头（1）：将袖头里正面与袖子的反面相对，沿净缝线缉缝。

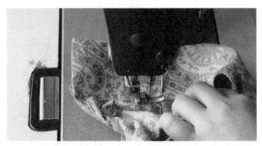

72 绱袖头（2）：将袖口毛边夹在袖头中间，沿袖头面缉缝0.1cm宽明线。

73 绱袖头（3）：由袖头上口的0.8cm宽明线处开始缉缝袖头，外口双明线为0.1cm及0.8cm宽。

思考与实践

(1) 查阅资料拓展衬衫门襟的工艺制作方法。

(2) 选择1～2款衬衫进行实践训练。要求：规格自定，样板各部位尺寸无误，独立完成成品制作工艺。

(3) 根据实践过程编写裁剪制作工艺单。

74 按样板要求进行左襟锁眼、右襟钉扣，注意外翻门襟均为竖扣眼，然后剪掉线头并进行整烫。

实例3-2
西装造型的裁剪工艺制作

学习目标

(1) 通过对西装造型的结构绘制，使学生理解西装的结构关系，准确地设计成品规格
尺寸。

(2) 通过训练，掌握西装效果图、款式图的表达并根据设计造型合理地绘制出结
构图。

(3) 根据结构图准确地分解裁片，绘制出放缝样板，根据样板制作成品立体造型。

一、女西装的纸样制作及裁剪放缝

款式分析：此款上衣属驳领、圆装袖的合身造型，由
前身、后身、袖子和领子四部分组成。前后身均采用刀背
线收腰；前片无搭门；袖子的袖口部位有开衩。

款式图

效果图

成品规格：单位：cm

部位	尺寸
衣长	58
肩宽	40
胸围	96
袖长	60
袖口	14

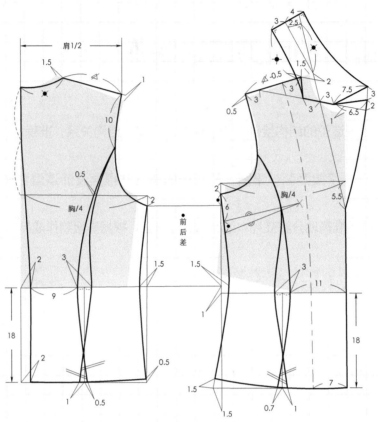

裁剪结构图——衣身（单位：cm）

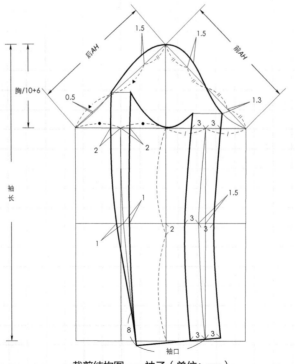

裁剪结构图——袖子（单位：cm）

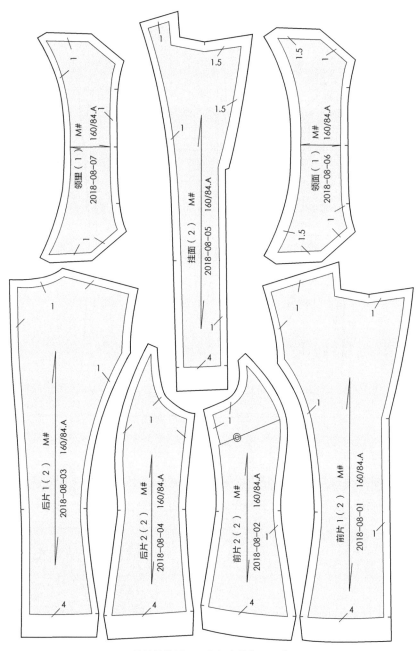

领里（1） M#
2018-08-07 160/84.A

挂面（2） M#
160/84.A
2018-08-05

领面（1） M#
160/84.A 2018-08-06

后片1（2） M#
2018-08-03 160/84.A

后片2（2） M#
2018-08-04 160/84.A

前片2（2） M#
2018-08-02 160/84.A

前片1（2） M#
160/84.A
2018-08-01

裁剪放缝图——衣身（单位：cm）

▶ **裁剪结构图重点提示：**

(1) 前、后衣身均在胸围线的基础上放大了衣摆尺寸，在刀背线上注意互借量。

(2) 袖子是在一片袖的基础上绘制而成的。前袖缝的大小袖片互借3cm；后袖在袖深线上互借
    2cm；在袖肘线上互借1cm，均要求线条画圆顺。

(3) 后袖缝的下口处加入8cm的开衩量。

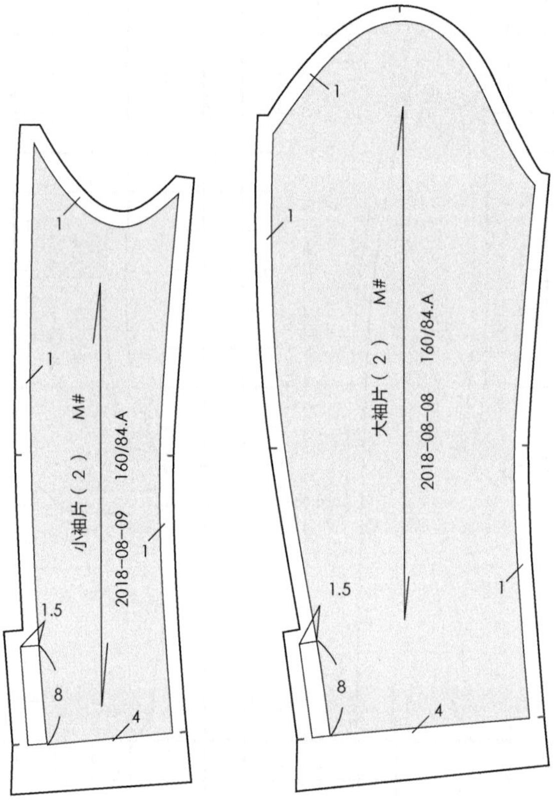

裁剪放缝图——袖（单位：cm）

放缝图重点提示：

(1) 前片的侧缝片省道处理方法：将剪开的侧片中的基础省道合并，再加入放缝量。

(2) 大、小袖拆解后加入袖口开衩量，在其基础上放缝边。

样板裁片：

部位	数量
前片（1）	2片
前片（2）	1片
后片（1）	2片
后片（2）	2片
大袖片	2片
小袖片	2片
领面片	1片
领里片	1片
过面片	2片

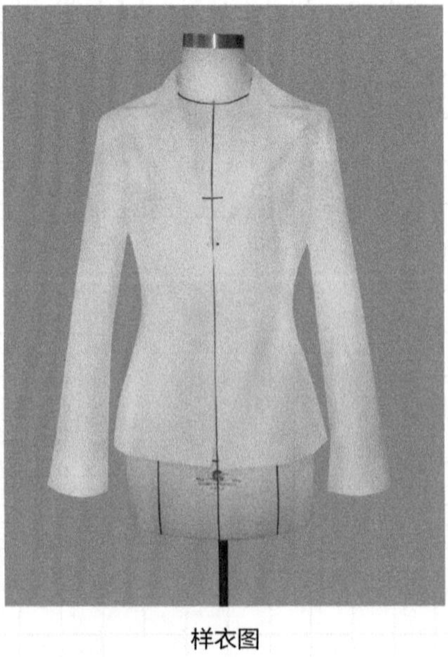

样衣图

二、短款女上衣纸样制作及裁剪制作

款式分析：此款上衣属夹克式造型，由前身、后身、袖子、领子和腰带五部分组成。前后身均采用竖线收腰；腰部有腰带；前身驳领较宽，搭门为双排暗扣；袖子为两片圆装袖造型。

款式图

效果图

成品规格：单位：cm

部位	尺寸
衣长	52
肩宽	40
胸围	98
袖长	60
袖口	14

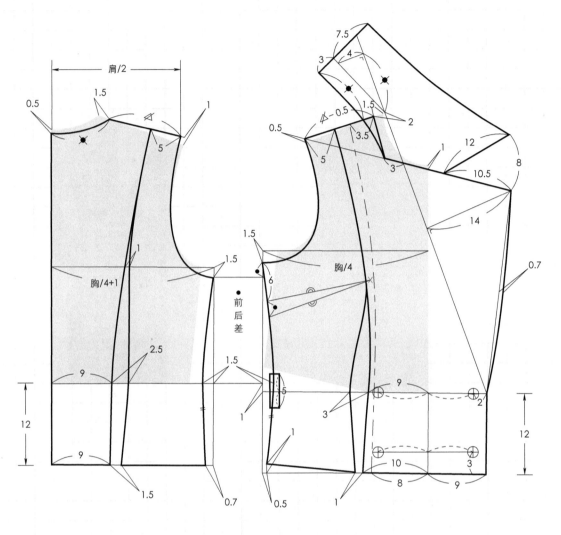

裁剪结构图——衣身（单位：cm）

▼ **裁剪结构图重点提示：**

(1) 先绘制一条水平线，将前片原型的腰线与之重合摆正后画好。在水平线的基础上向上1cm画线，将后片原型的腰线与之重合摆正后画好。

(2) 根据衣长分别由前腰线、后腰线向下画出衣摆线。

(3) 前、后领宽分别在原型基础上放宽1.5cm。

(4) 在原型肩点基础上后身向上1cm、前身向上0.5cm，先确定后片肩宽，然后依据后小肩减0.5cm绘制前小肩宽。前、后袖窿深根据原型尺寸分别向下1.5cm，胸围按成品规格的1/4计算。

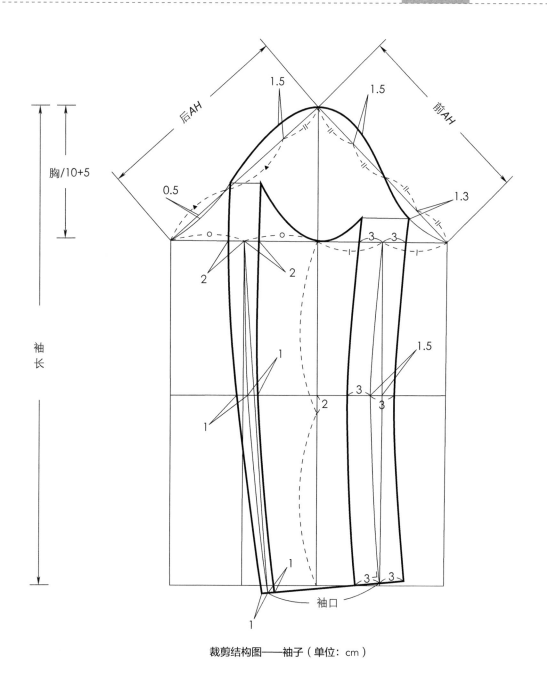

裁剪结构图——袖子（单位：cm）

(5) 基础省道为前后差的宽度，将基础省道转移到竖线内。

(6) 双排扣的搭门为9cm，也可根据设计调整数据。

(7) 袖子是在一片袖的基础上绘制而成。前袖缝的大、小袖片互借3cm；后袖在袖深线上互借
2cm；在袖肘线上互借1cm，均要求线条画圆顺。

(8) 结构图未画出腰带，腰带宽4.5cm，长度可根据实际要求确定腰带大小。

三、男西装的裁剪工艺制作步骤解析

　　款式分析：此款为平驳头、单排三粒扣、圆下摆西服，是西服中的基本款式之一，适应范围较为广泛。用料考究、做工精细是男西服的工艺特征。因此，制作男西服要具有一定的工艺缝制基础。挖兜、做袖开衩、覆衬、绱领子、绱袖子等部位的缝制方法是此款学习的重点。

款式图

效果图

成品规格	单位：cm
部位	尺寸
衣长	79
胸围	116
总肩宽	48
袖长	62
袖口	15.8
腰节	45

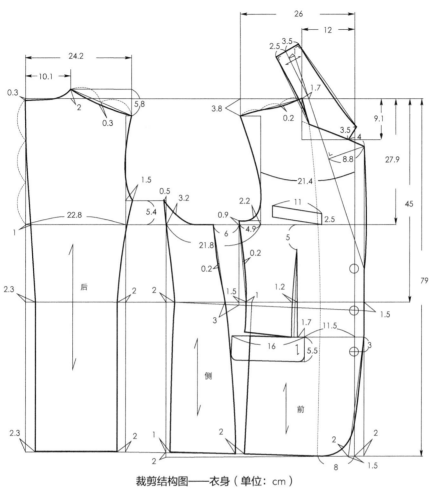

裁剪结构图——衣身（单位：cm）

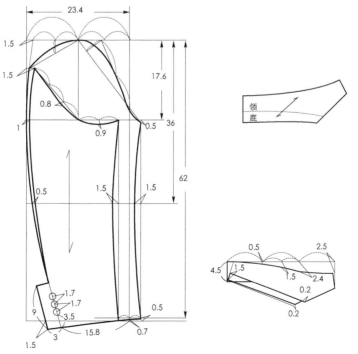

裁剪结构图——袖、领（单位：cm）

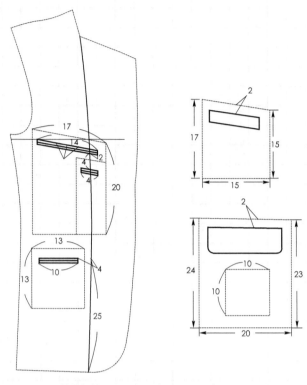

裁剪结构图——口袋（单位：cm）

▌裁剪结构图绘制：

1.前片

(1) 衣长：根据衣长尺寸，画上、下平线。

(2) 腰节线：根据腰节尺寸，由上平线向下画。

(3) 袖窿深线：胸围的1.5/10+10.5cm，由上平线向下画。

(4) 前中线：搭门宽2cm，由前中线向右画。

(5) 肩坡线：胸围的0.5/10－2cm，由上平线向下画。

(6) 领深：胸围的1/10－2.5cm，由上平线向下画。

(7) 前领宽：胸围的1/10+0.4cm，由前中线向左画。

(8) 前宽：胸围的1.5/10+4cm，由前中线向左画。

(9) 窿门宽：胸围的2/10－1.4cm，由前宽线向左画。

(10) 前肩宽：总肩宽1/2+2cm，由前中线向左画。

(11) 袖抬翘：胸围的0.25/10+2.5cm，由袖窿深线向上画。

(12) 中腰下移线：定寸1.5cm，由腰节线与前中线的交点向下画。

(13) 大袋高：衣长1/3，由下平线向上画，袋口大16cm。

(14) 上驳口点：2cm（领座1/3），由领宽点向右画。

(15) 驳头宽：胸围的0.5/10+3cm，由驳口线向右画垂线。

(16) 串口线：在领宽线上由上平线向下领深1/2+0.5cm。

2.后片

(1) 延长前片起翘点、腰节线、袖窿深线、袖抬翘、上平线。

(2) 背中线：先画后中心线，然后上平线向下0.3cm，袖窿深线与后中心线交点向右1cm，腰节和下摆均向右2.3cm，依据各点画顺弧线。

(3) 后领宽：胸围的1/10－1.5cm，由后中线向右画。

(4) 领翘：定尺2cm，由上平线向上画。

(5) 后肩坡：胸围的0.5/10，由领翘点向下画。

(6) 后宽：胸围的1.5/10+5.4cm，由后中线向右画。

(7) 后肩宽：总肩宽的1/2+0.2cm，由后中线向右画。

3.袖子

(1) 根据袖长尺寸，画上、下平线。

(2) 袖山线：胸围的1/10+6cm，由上平线向下画。

(3) 袖肘线：袖长的1/2+5cm，由上平线向下画。

(4) 前袖缝线：由上平线向下画袖长直线。

(5) 袖根肥：胸围的2/10+0.2cm，由前袖缝向左画。

(6) 前偏袖弯高：胸围的0.25/10－1cm，在前袖长直线上由袖山线向上画。

(7) 后袖山高：胸围的0.5/10+0.5cm，在后袖长直线上由上平线向下画。

(8) 袖山中点：袖根肥的1/2处。

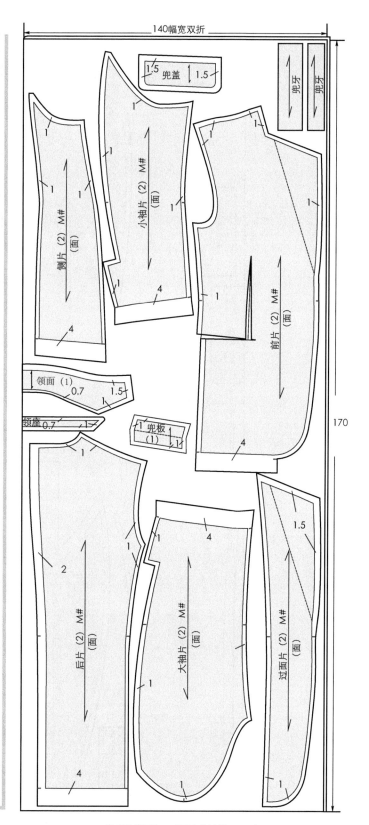

裁剪放缝图——面料（单位：cm）

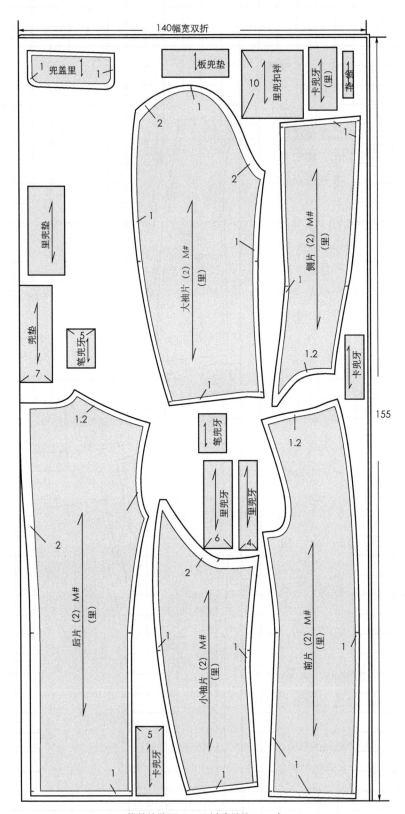

裁剪放缝图——里料（单位：cm）

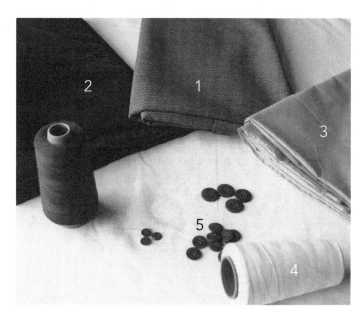

材料准备：

材料	规格	用量
面料	140cm幅宽	170cm
里料	140cm幅宽	155cm
衬料	100cm幅宽	120cm
兜布	120cm幅宽	46cm
扣	1cm	3粒
	1.5cm	6粒
	2cm	3粒

材料图

1—面料；2—里子；3—兜布；4—缝纫线；5—扣子

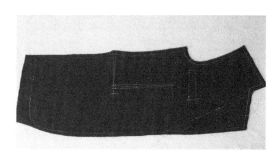

1 打线钉：在衣片的反面上粘烫衬布，然后用样板画出净缝线，前身的左右片正面相对，在如图所示的位置上打上线钉。

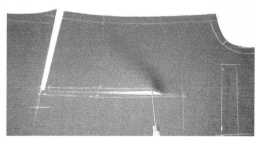

2 剪省道：如图所示剪掉肚省量至前腰省的宽线处，再沿前腰省的中线剪开，距省道尖5cm左右。

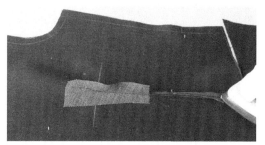

3 缉缝省道：衣片正面相对缝合省道，缉至省尖6cm左右的位置时，如图所示在下面垫上面料，然后将省道量劈开。

4 烫省道：如图所示，劈烫至省道垫布的位置时，在省道处打上剪口，将省尖量与垫布进行劈缝，然后修剪垫布的宽度。

5 合并肚省：如图所示，衣片的反面朝上，合并肚省的两条边，用衬布将其粘住。

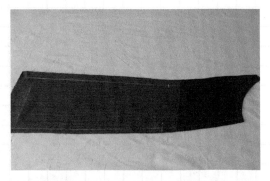

6 做侧衣片：在衣片的反面上粘烫衬布，然后用样板画出净缝线，侧衣身的左右片正面相对，如图所示位置打上线钉。

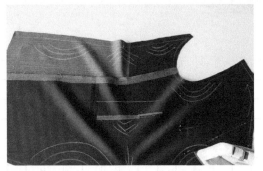

7 归拔前衣身（1）：将侧衣片与前衣片正面相对进行缝合后劈缝，然后按图中所示符号归拔止口边。

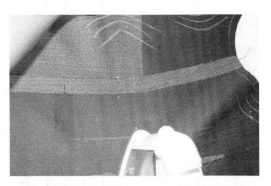

8 归拔前衣身（2）：按图中所示符号拔开中腰身。

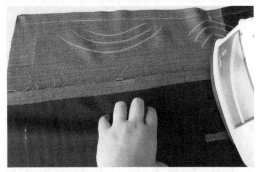

9 归拔前衣身（3）：按图中所示符号拔开中腰身至侧缝，归拢侧摆缝边。

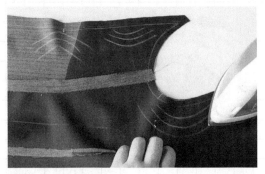

10 归拔前衣身（4）：按图中所示符号归拢袖窿量。

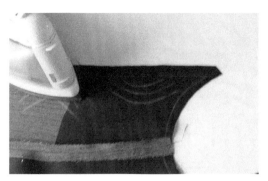

11 归拔前衣身（5）：按图中所示符号归拢腋下胸量。

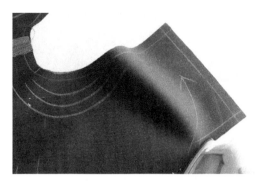

12 归拔前衣身（6）：按图中所示符号由领口处开始拔开小肩量。

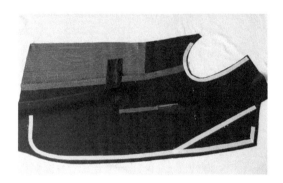

13 粘烫牵条：在归拔后的衣身上沿净缝线内侧粘烫止口牵条，在袖窿弧线上沿毛边粘烫牵条，沿驳口线的内侧粘烫直丝牵条布。

14 画手巾兜：在左衣身的正面画出手巾兜位。

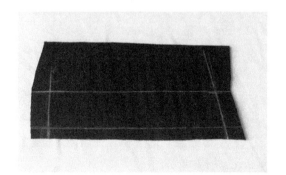

15 做兜板：在兜板布的反面粘烫衬布，按样板画出净缝线。

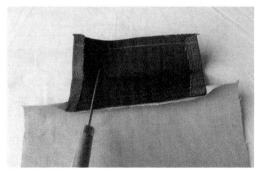

16 扣烫兜板：扣烫兜板的两侧毛边，并折烫兜板的上口边，将兜板里与兜布正面相对进行缝合，并如图所示熨烫。

17 缉缝垫兜布：在垫兜布上口的反面粘烫衬布，折净下口边后与兜布固定。

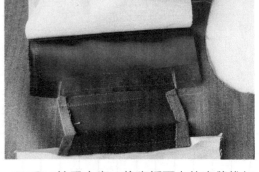

18 挖手巾兜：将兜板面上的净缝线与衣身上的兜位重合并缉缝，间隔1cm宽将垫兜布反面朝上与衣身缉缝。

19 如图所示手巾兜的两侧边的缉缝线为0.1cm宽的单线迹。

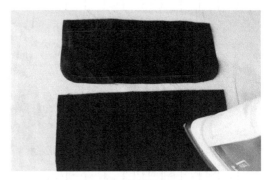

20 做兜盖（1）：在兜盖面的反面粘烫衬布，兜盖里的反面用样板画出净缝线。

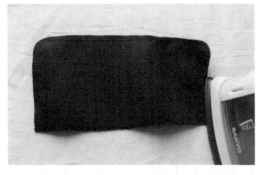

21 做兜盖（2）：兜盖里、面正面相对，沿净缝线进行勾缝，注意兜盖面要根据面料的薄厚进行"吃缝"。将勾缝后的缝边修剪为0.5cm宽，倒向兜盖面并熨烫。

22 做兜盖（3）：翻正兜盖，兜盖里朝上熨烫外口边。

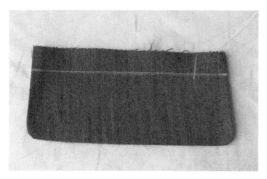

23 做兜盖（4）：在兜盖的正面画出宽
度线，并标出止口的方向。

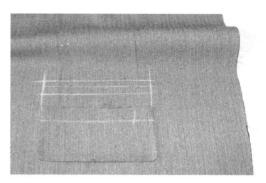

24 画兜位：前衣身正面朝上，画出兜
口中线，并比兜盖尺寸小0.3cm 宽画
出兜口大小，在兜口中线的基础上
分别向上、下各画1cm 宽平行线。

25 烫兜牙布（1）：在兜牙布的反面粘
烫衬布，正面朝上折烫2cm 宽双
折边。

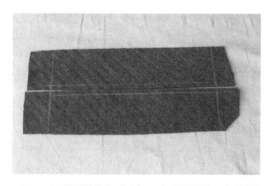

26 烫兜牙布（2）：如图所示，在兜牙
布的宽面上，沿双折边画出0.5cm宽
的平行线，并按衣身的兜口尺寸画
上兜口大小线。

27 做内兜：折净上口边并沿边缉缝，
然后扣烫兜布的两侧边及下口边。

28 缉缝内兜：将大兜的垫兜布折边后
与兜布固定，如图所示再将内兜布
摆正，缉缝在右片兜布上。

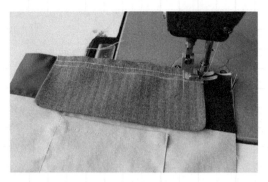

29 固定兜盖：将兜盖压在垫兜布上面，如图所示进行缉缝。

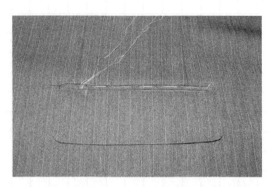

30 挖兜（1）：双牙兜的做法与西裤后兜的做法相同，将兜盖放在衣身的下面由兜口翻出，上兜牙边与兜盖宽线重合，用棉线进行绷缝。

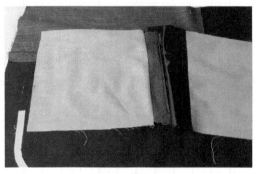

31 挖兜（2）：兜布与下兜牙正面相对进行缝合并向下倒烫。

32 挖兜（3）：将两层兜布摆平服，如图所示将衣身折向肩部露出上兜牙边，沿上兜牙的缉缝线将兜盖固定。

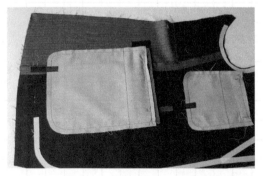

33 挖兜（4）：将上、下层兜布进行缝合，修剪缝边后与衣身的省道缝边固定。

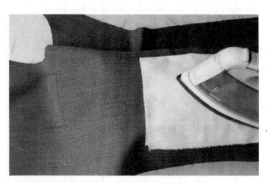

34 熨烫口袋：将衣身放在布"馒头"上，垫上水布进行熨烫。

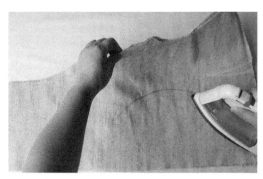

35 归拔胸衬（1）：如图所示按箭头方向归烫驳头外口。

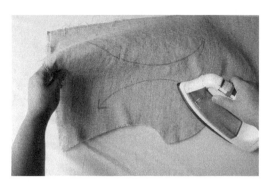

36 归拔胸衬（2）：如图所示按箭头方向归烫袖窿。

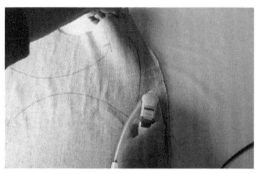

37 归拔胸衬（3）：如图所示按箭头方向拔开肩线。

胸绒位置

38 将衣身正面朝上放在胸衬上，驳口线向里0.5cm对准胸绒宽度线，将衣身的止口丝道摆正。

39 覆胸衬（1）：如图所示用棉线绷缝第一道线，将衣片与胸衬固定，此线在直丝的基础上稍向肩部弯曲。

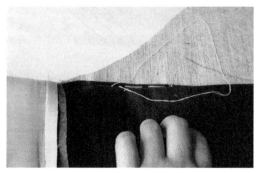

40 覆胸衬（2）：翻折衣片，用棉线将省道与胸衬固定。

41 覆胸衬（3）：如图所示将袖窿部位垫高，向驳头推平衣片，沿驳口线绷缝第二道线。

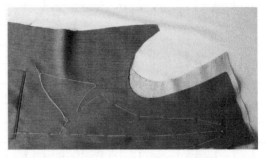

42 覆胸衬（4）：如图所示将驳头部位垫高，向袖窿方向推平衣片，沿袖窿绷缝第三道线。

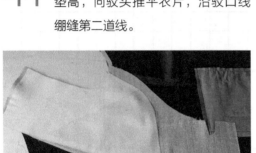

43 修剪胸衬：衣身反面朝上，止口线与驳口线均向里0.5cm画线并进行修剪，按兜口中线上下各剪掉1cm。

44 固定兜布：兜布压在胸衬的上面并与其固定。

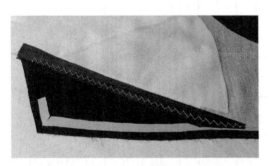

45 固定驳口：用衬布将胸衬与衣片固定，然后用缝纫线、三角针针法固定。

46 如图所示为覆衬后在人台上的状态，可以看到第一道绷线已由弯线变为直线。

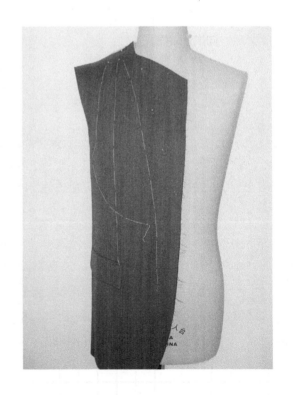

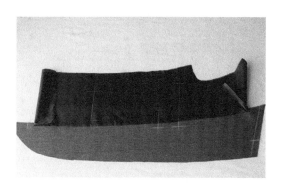

47 勾里子：在过面的反面粘烫衬布，里子与过面正面相对，由底边向上1.5cm勾缝至串口线向下2cm左右处，缝边倒向里子并熨烫，在正面画出里兜位。

48 做里兜袢（1）：在反面扣眼的位置上粘烫衬布。

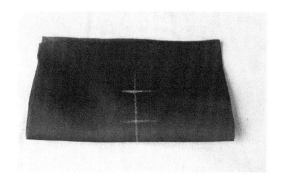

49 做里兜袢（2）：对折熨烫后画出扣眼位，剪开扣眼并锁眼。

50 做里兜袢（3）：如图所示将折边对齐扣眼位进行折烫。

51 做里兜袢（4）：先将垫兜布的毛边折净后与兜布固定，再将里兜袢放在垫兜布的上面进行缉缝。

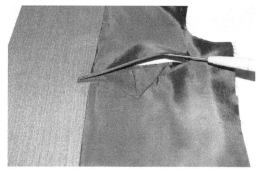

52 挖里兜（1）：里兜为双牙兜，做法与衣身的大兜相同，注意将里兜袢夹在兜口的中间部位。

53 挖里兜（2）：翻开里子露出兜上口，沿兜牙的缉缝线将垫兜布固定，并将口袋进行缝合。

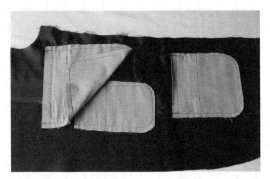

54 左片有三个里兜，如图所示为反面状态。

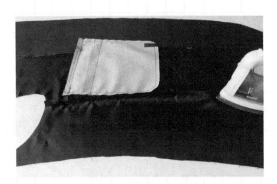

55 右片只有上口袋，用衬布将其与过面固定。

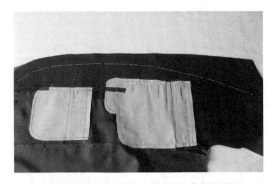

56 绷过面（1）：将前衣身正面朝上摆正，过面与衣身正面相对放在衣身的上面，对准驳口线并沿线进行绷缝至下摆处。

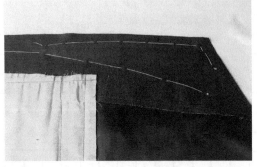

57 绷过面（2）：在驳头处过面留出适当的"里外壅"量，如图所示绷缝驳头的外口线，衣身朝上沿净缝线缉缝止口。

58 将止口缝边修剪为0.5cm，圆摆处如图所示。

59 扳止口：将止口缝边倒向前衣身，用缝纫线进行扳缝，注意针脚不要露到衣身的正面上，再进行熨烫。

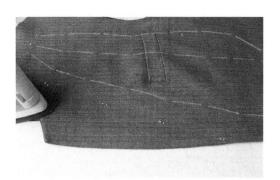

60 烫止口：将止口翻正，衣身正面朝上熨烫驳头的外口边，过面朝上，熨烫驳头的以下部分，注意防止出现"倒吐"现象。

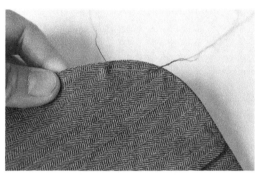

61 如图所示由过面底端开始，用缝纫线将过面与止口的缝边进行固定，注意线迹要求为"针坑"状。

62 缝至第一粒扣位即可。

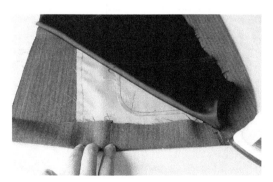

63 烫底边：按线钉折烫衣身底边。

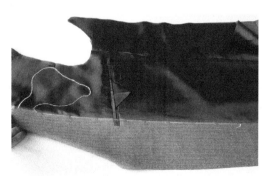

64 固定过面缝边（1）：如图所示按驳口线将驳头翻到背面，用棉线沿过面的里口边进行固定。

65 固定过面缝边（2）：翻开里子，将缝边与衬布固定。

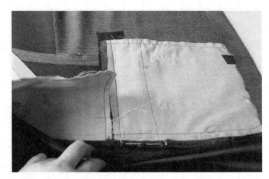

66 固定过面缝边（3）：翻开里子，将缝边与兜布固定。

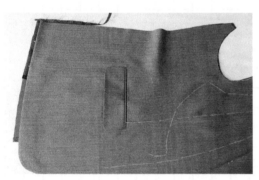

67 修剪底边及侧缝的里子量：底边在衣身的基础上留1.5cm，侧缝与衣身相同。

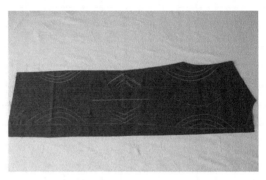

68 左右后衣片正面相对，画出净缝线并打上线钉，将中缝线进行缝合后，按所画符号归拔衣身。

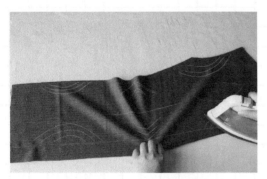

69 归拔中缝（1）：归拔中缝部分，如图所示，推归背中缝并拔开腰身，拔开的同时归拢中腰量。

70 归拔中缝（2）：推归下中缝。

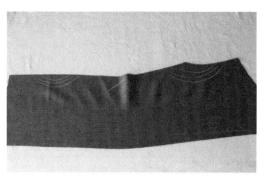

71 检查腰宽的1/2至中缝线的部位是否
归拔平服，中缝线要求顺直。

72 归拔侧缝（1）：归烫袖窿及袖窿下
10cm的部位，同时拔开腰身。

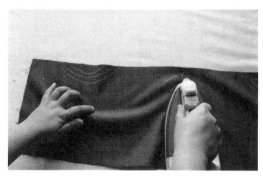

73 归拔侧缝（2）：拔开腰身的同时归
拢摆缝的臀围部位，将侧缝归烫
顺直。

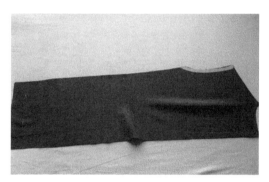

74 归拔侧缝（3）：在衣片的反面袖窿
处粘烫牵条布。

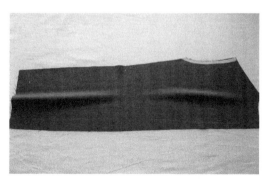

75 归拔完成：归拔出肩胛骨及臀部的
空间量。

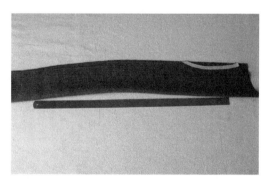

76 对折后片后腰身为曲线状，以符合
人体的曲线要求。

77 熨烫中缝：打开左右片，分开缝边并劈烫，熨烫时注意中腰略拉开，背部稍归拢。

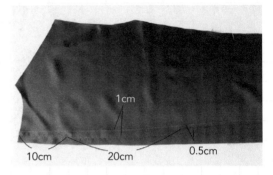

78 做后里子（1）：在右后衣片的反面画出中缝线，向外0.5cm宽画出缉缝线，其中"肩胛骨"部分为1cm宽，然后沿缉缝线进行缝合。

79 做后里子（2）：按中缝线将缝边倒向左片并熨烫。

80 缉缝侧缝：先将前后衣身正面相对，按净缝线缉缝侧缝至前后衣身的下摆处，然后将缝边劈开并熨烫。

81 如图所示，将后身底边折向反面并熨烫。

82 绷底边：用缝纫线、三角针针法将前后身底边进行固定。

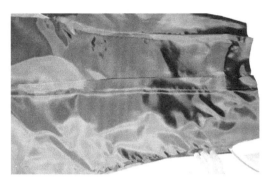

83　缝合里子侧缝：前后里子正面相对，按净缝线缉缝侧缝至下摆处，并将缝边倒向后身熨烫。

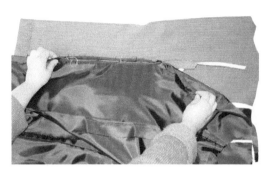

84　叠缝侧缝：如图所示，将里子缝边叠缝在衣身的侧缝边上。

85　绷里子底边：如图所示，距衣身底边1.5cm处将里子毛边折向反面，先用棉线进行绷缝，然后再进行扦缝。

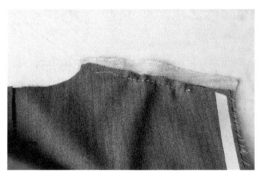

86　缝合肩缝（1）：用棉线将后肩的"吃缝"量抽紧。

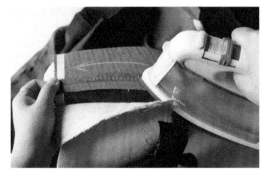

87　缝合肩缝（2）：前后片正面相对，前片朝上沿净缝线缝合小肩缝，然后将缝边劈缝熨烫。

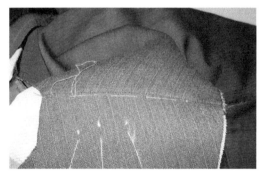

88　缝合肩缝（3）：将胸衬布摆平服放在铁凳上，小肩缝正面朝上与胸衬布用棉线进行绷缝。

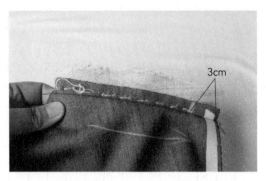

89 缝合肩缝（4）：将衣身翻到反面，将后肩缝边与胸衬布进行固定，注意在肩宽的部位留出3cm左右量。

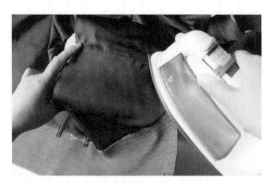

90 缝合里子肩缝：前后里子片正面相对，前片朝上，沿净缝线缝合小肩缝，注意后肩缝要求有"吃缝量"，然后将缝边倒向后身并熨烫。

91 做领子（1）：在领底绒的反面上粘烫衬布。

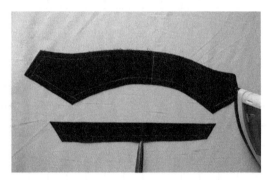

92 做领子（2）：在领面的反面上粘烫衬布，然后用小样板画出净缝线并在领子的中点上打剪口。

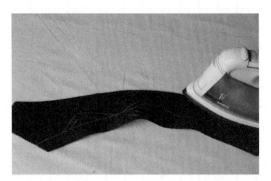

93 做领子（3）：按图中所示符号归拔领子的外口及里口边，注意在拔开的同时归烫领子中口。

94 做领子（4）：领面反面朝上，按净缝线先将领边进行扣烫，再按净缝线扣烫领子的外口边。

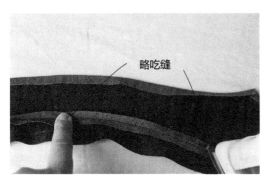

略吃缝

95 做领子（5）：正面相对接缝下领角（可根据面料选用不同的丝道），注意图中所示部位领面略吃缝，并要求对准领子中点，然后进行劈缝。

96 做领子（6）：领面正面朝上，沿接缝边上、下各缉缝0.1cm。

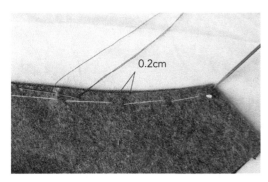

0.2cm

97 做领子（7）：领面反面朝上，将领底正面朝上压在领面上，要求距领面外口边0.1cm，先用棉线固定，再用缝纫线、三角针针法进行绷缝，针距及宽度各为0.3cm。

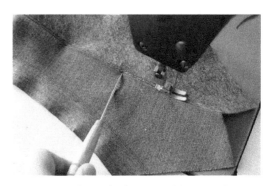

98 做领子（8）：打开领子的里与面，在领底绒上沿三角针的根部进行缉缝，将领底绒与领面的缝边固定。

99 做领子（9）：沿领底绒的领里口边缉缝0.3cm。

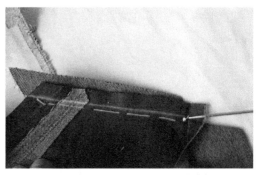

100 绱领子（1）：领子与过面正面相对，对准串口线用棉线绷缝。

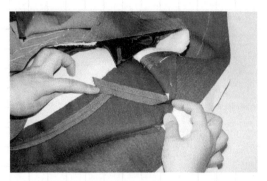

101 绱领子（2）：沿净缝线缝合后进行劈缝。

102 绱领子（3）：对准里子中点与领中点，将后身里子与领面进行勾缝。

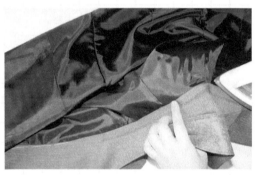

103 绱领子（4）：缝边倒向衣身并熨烫。

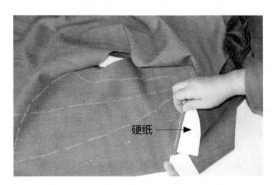

硬纸

104 绱领子（5）：将劈开的串口边与前领口用倒钩针针法固定。

105 绱领子（6）：用领角的缝边将串口的毛边包住，如图所示。

106 绱领子（7）：用双棉线将领口边进行环缝，稍微拉紧后领口的斜丝部位。

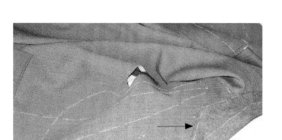

107 绱领子（8）：用棉线将领底绒
与衣身的领口进行绷缝。

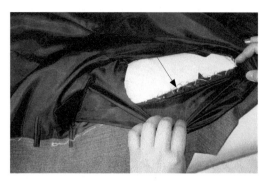

108 绱领子（9）：如图所示，将领
面的缝边固定在胸衬布上。

109 绱领子（10）：领子正面朝上，
沿领座接缝进行"灌缝"，将领
面与领底绒固定。

110 绱领子（11）：绱吊袢，折净
毛边，宽度为0.6cm，沿两边各
缉缝0.1cm宽的明线，然后如图
所示折净两端毛边，并与底领
固定。

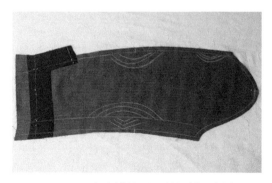

111 在大袖的反面粘烫袖口衬布，画
上净缝线并打线钉，如图所示为
归拔符号。

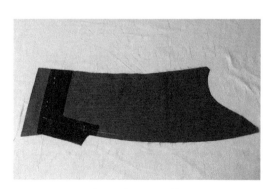

112 在小袖的反面粘烫袖口衬布，
画上净缝线并打线钉。

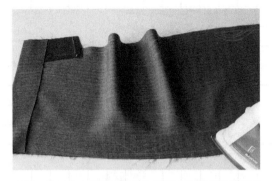

113 归拔大袖（1）：大袖片反面朝上，先折烫袖口贴边，然后归拔前袖缝，注意熨斗不要过偏袖线。

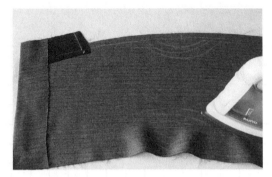

114 归拔大袖（2）：归烫偏袖里口部位。

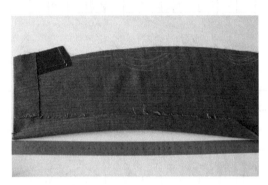

115 归拔大袖（3）：翻折前偏袖后，前袖缝呈弯曲状，以符合人体的穿着要求，然后按图中所画符号归拔后袖缝。

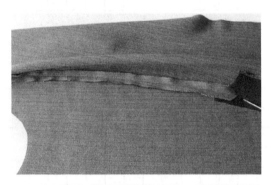

116 缝合后袖缝：大、小袖正面相对缝合后袖缝，将胖势推向大袖，并进行劈烫；在开衩的根部打剪口，并用衬布固定。

117 做开衩（1）：袖子反面朝上，将开衩折向大袖并熨烫，如图所示画出勾缝的对应点。

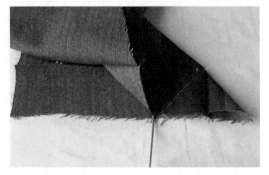

118 做开衩（2）：贴边与开衩边正面相对，对准对应点后进行勾缝。

119 做开衩（3）：如图所示修剪勾
缝边为1cm，将多余量剪掉。

120 做开衩（4）：如图所示进行
劈缝。

121 做开衩（5）：翻正开衩，用锥
子将袖角挑正并熨烫。

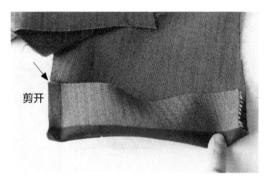

剪开

122 做开衩（6）：小袖正面朝上，
按袖口线钉将贴边翻到正面，如
图所示沿净缝线勾缝开衩边，然
后按图中标注位置打剪口。

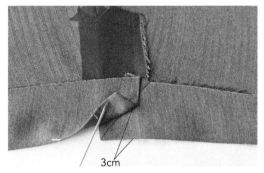

3cm

123 做开衩（7）：距袖底边宽3cm
缝合开衩边。

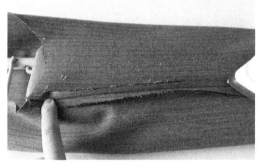

124 缝合前袖缝：大、小袖正面相
对缝合前袖缝，垫上烫板进行
劈缝。

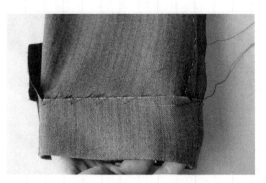

125 固定袖贴边：用缝纫线、三角针针法将贴边与袖子进行固定。

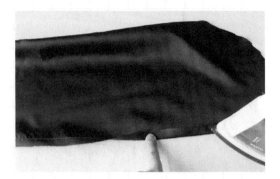

126 做袖里子：大、小袖正面相对缝合前后袖缝，将袖缝倒向大袖，并留出0.3cm"眼皮"量进行熨烫。

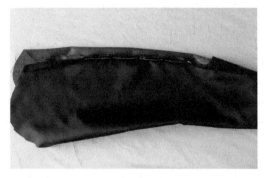

127 绷缝后袖缝：如图所示，将里子与袖子的袖缝用棉线进行绷缝固定。

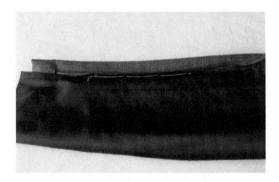

128 绷缝前袖缝：如图所示，将里子与袖子的袖缝用棉线进行绷缝固定。

129 绷袖口：里子朝外翻出袖子，距袖口边1.5cm将里子的袖口毛边折净，并用棉线绷缝。

130 吃缝袖山：如图所示，距袖山的毛边0.5cm用棉线、拱针的针法吃缝袖山量，要求大小与袖窿大小一致。

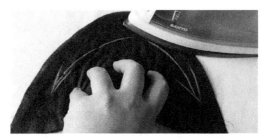

132 烫垫肩：拔烫垫肩外口边。

131 折烫里子袖山：如图所示，将
里子袖山缝折向反面并熨烫，
宽度为0.5cm。

134 绱袖子（1）：对准对应点，用
棉线将袖子与衣身袖窿进行
绷缝。

133 把衣身穿在人台上，垫好垫肩
后将袖子的中点与肩缝相对，
观察袖子的前后是否合适，此
时可调整对应点。

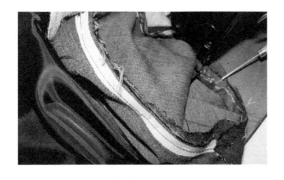

135 绱袖子（2）：如图所示，检查
绷缝后的袖山是否圆顺，前袖
缝压在兜口的1/2处为合适。

136 绱袖子（3）：袖子在上，沿绷
缝线的内侧缉缝一周。

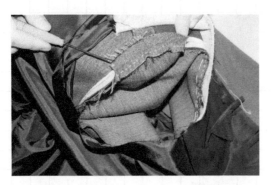

137 绱袖子（4）：将袖山缝放在铁凳上，由肩缝分别向前后画5cm，剪开袖窿的缝边并劈缝熨烫。

138 绱袖条（1）：长度的1/2为中点。

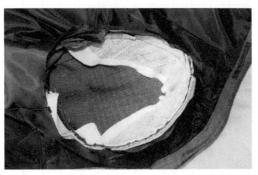

139 绱袖条（2）：将袖垫条的中点对准肩缝进行绷缝。

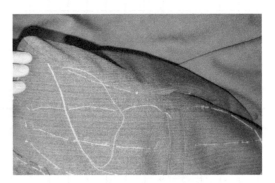

140 如图中所示，用棉线将前袖窿部分与胸衬固定。

141 绷垫肩：垫肩中点偏后1cm与肩缝相对，如图所示与胸衬固定。

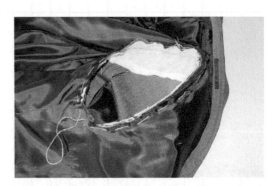

142 将袖里子压住绷袖窿的线迹后用棉线固定。

143 做手针（1）：用缝纫线、三角针针法将领底绒固定，然后拆掉绷缝线。

144 做手针（2）：用缝纫线、扦针针法将领角固定，然后拆掉绷缝线。

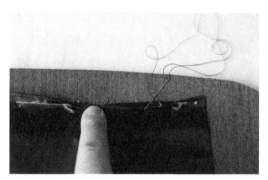

145 做手针（3）：用缝纫线、扦针针法将底边的里、面固定，然后拆掉绷缝线。

146 做手针（4）：用缝纫线、扦针针法将袖窿固定，然后拆掉绷缝线。

思考与实践

款式图

(1) 根据上面两款上衣款式图绘制1：4比例结构图。

(2) 拆解结构图并绘制放缝图1：1样板。

(3) 根据样板制作成品一件。

实例3-3
大衣造型的裁剪工艺制作

学习目标：

(1) 通过对大衣造型的结构绘制，使学生理解大衣的结构关系，准确地设计成品规格尺寸。

(2) 通过训练，掌握大衣效果图、款式图的表达并根据设计造型合理地绘制出结构图。

(3) 根据结构图准确地分解裁片，绘制出放缝样板，根据样板制作成品立体造型。

一、插肩袖女大衣纸样裁剪放缝

款式分析：此款大衣是立翻领插肩袖造型，双排扣共六粒；前后身均有刀背线；无侧缝；贴袋上有袋盖；袖口部位有袖克夫；口袋、止口等外口部位缝制宽明线。

款式图

效果图

成品规格	单位：cm
部位	尺寸
衣长	95
肩宽	42
胸围	104
袖长	60

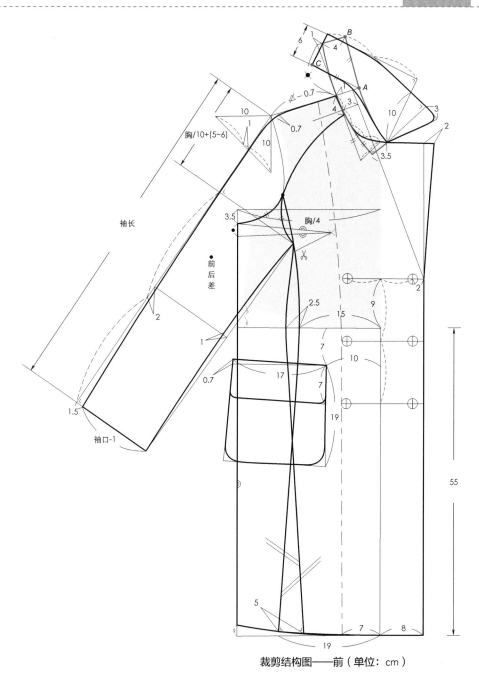

裁剪结构图——前（单位：cm）

▶ 立翻领结构图重点提示：

1.领座绘制

(1) 首先绘制衣身的领口：在原型基础上领宽和领深均为1cm。

(2) 将前领口弧线分成4份，通过上1/4点与前小肩画平行线。

(3) 在1/4点的平行线上，由1/4点向右3cm与驳口底点连驳口线。

(4) 通过1/4点画驳口线的平行线，1/4点向下的长度为1/4点至领深点的实际弧线长度，然后与领深点连线，再取1/2。

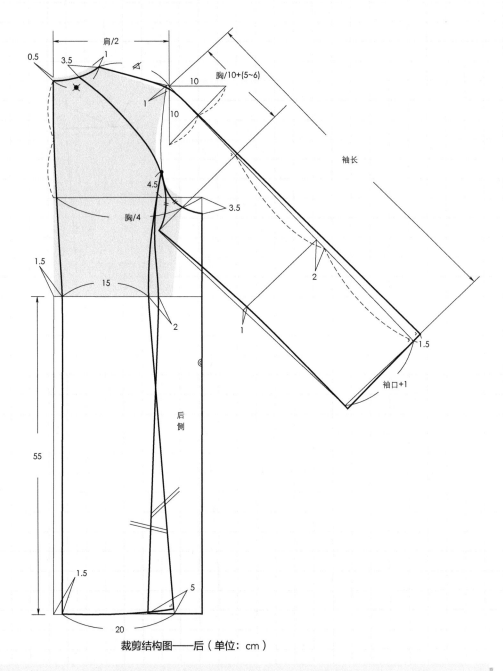

裁剪结构图——后（单位：cm）

(5) 在这条平行线上，先由领宽点向上量出后领口的弧线长，然后垂直向右画1cm。再由1cm点
 与1/4点、1/2点连接画顺领子里口线，长度为衣身领口长度。

(6) 领座后中宽4cm，前宽3.5cm，将领中口线画顺畅。

2.翻领绘制

(1) 以图中A点为圆心，B点为半径向左画圆取7cm长度为C点。

(2) A点与C点连线，垂直此线向上6cm画领宽线。

(3) 其他画法如图所示。

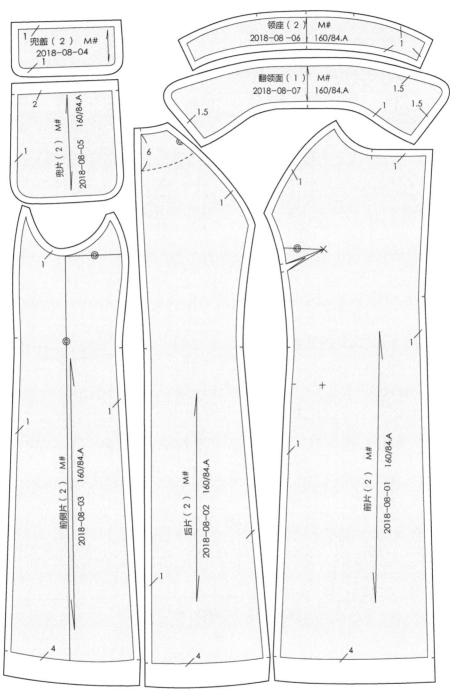

兜盖（2） M#
2018-08-04

领座（2） M#
2018-08-06 160/84.A

翻领面（1） M#
2018-08-07 160/84.A

兜片（2） M# 160/84.A
2018-08-05

前侧片（2） M# 160/84.A
2018-08-03

后片（2） M#
2018-08-02 160/84.A

前片（2） M# 160/84.A
2018-08-01

裁剪放缝图一（单位：cm）

▰ 放缝图重点提示：

(1) 将前身侧片基础省道合并后与后身侧片对合后再加放缝边。

(2) 袖克夫的尺寸根据袖片放缝图上的标注绘制。

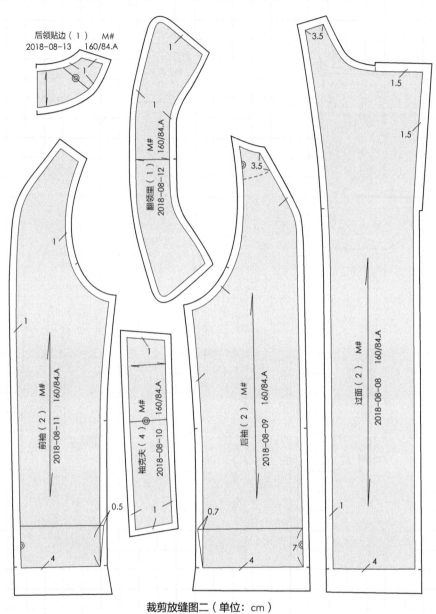

裁剪放缝图二（单位：cm）

样板裁片

部位	数量	部位	数量	部位	数量
前片	2片	后片	2片	前袖片	2片
前侧片	2片	后领贴边片	2片	后袖片	2片
过面片	2片	翻领面片	1片	领座片	2片
兜片	2片	袖克夫	4片	翻领里片	1片
兜盖	2片				

二、男大衣纸样制作及裁剪放缝

款式分析：此款为三开身结构西服领短大衣。领子、前门襟、袖缝、肩缝、侧缝及背中缝均缉0.8cm单明线。背中缝有开衩，兜口为双层板兜，过面采用"耳朵皮"，边缘用斜条滚边，滚边的宽度为0.5cm。开衩和兜口的缝制方法是此款学习的重点。

款式图

效果图

成品规格	单位：cm
部位	尺寸
衣长	86
胸围	120
总肩宽	50
袖长	62
袖口	17.5
腰节	45

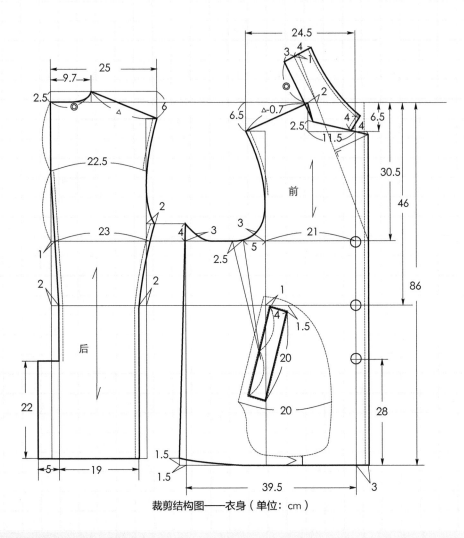

裁剪结构图——衣身（单位：cm）

▶ **裁剪结构图绘图：**

1.前片

(1) 衣长：根据衣长尺寸，画上、下平线。

(2) 腰节线：根据腰节尺寸加1cm，由上平线向下画。

(3) 袖窿深线：胸围的2/10+6.5cm，由上平线向下画。

(4) 搭门宽：搭门宽3cm，由前中线向右画。

(5) 肩坡线：胸围的0.5/10+0.5cm，由上平线向下画。

(6) 领深：胸围的0.5/10+0.5cm，由上平线向下画。

(7) 前领宽：胸围的1/10-0.5cm，由前中线向左画。

(8) 胸宽：胸围的1.5/10+3cm，由前中线向左画。

(9) 前胸围：胸围的3/10+3.5cm，由前中线向左画。

(10) 前肩宽：总肩宽/2-0.5cm，由前中线向左画。

(11) 袖抬翘：定寸4cm，由袖窿深线向上画。

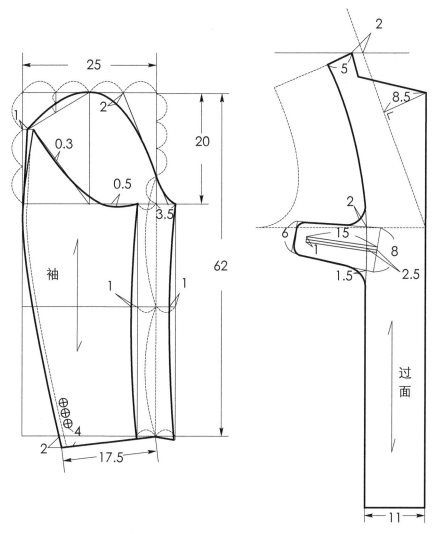

裁剪结构图——袖（单位：cm）

2.后片

(1) 背中线：先画后中心线，然后袖窿深线与后中心线交点向右1cm，腰节和下摆均向右2cm，依据各点画顺弧线。

(2) 后领宽：胸围的1/10 – 2.3cm，由后中线向右画。

(3) 领翘：定寸的2.5cm，由上平线向上画。

(4) 肩坡：胸围的0.5/10，由领翘线向下画。

(5) 背宽：胸围的1.5/10+4.5cm，由背中线向右画。

(6) 肩宽：总肩宽的1/2，由后中线向右画。

3.袖子

(1) 根据袖长尺寸，画上、下平线。

(2) 袖山线：胸围的1/10+8cm，由上平线向下画。

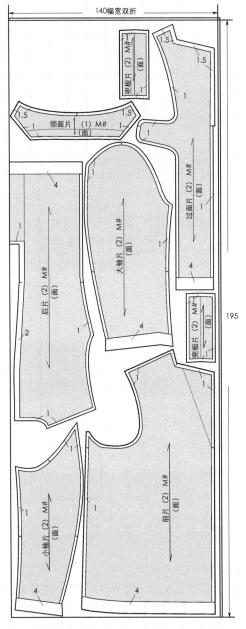

裁剪放缝图——面料（单位：cm）

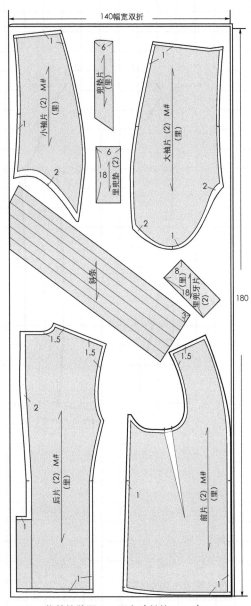

裁剪放缝图——里布（单位：cm）

(3) 前袖缝线：由上平线向下画袖长直线。

(4) 袖根肥：胸围的2/10+1cm，由前袖缝向左画。

(5) 袖口：胸围的1/10+5.5cm，由前袖缝向左画。

(6) 前偏袖弯高：袖山高的1/4，由袖山线向上画。

(7) 后袖山低：袖山高的1/3，由上平线向下画。

(8) 袖山中点：袖根肥的1/2处。

三、典型大衣的工艺制作

材料图

1—面料；2—里子；3—兜布；4—有纺衬；5—垫肩；6—缝纫线；7—扣子

材料准备：

材料	规格	用量
面料	140cm幅宽	195cm
里子	140cm幅宽	180cm
有纺衬	120cm幅宽	120cm
兜布	130cm幅宽	42cm
垫肩		1副
缝纫线		1轴
扣子	1cm直径	6粒
	3cm直径	3粒

▶ 缝制顺序：

1.制作前片

(1) 粘烫衬布，画净缝线，打线钉。

(2) 缉省道，挖兜。

(3) 粘开叉衬布，烫底边。

(4) 缉里子省道，缉里子底边。

(5) 过面裹边，挖里兜。

(6) 勾过面，翻烫止口。

2.制作后片

(1) 粘烫衬布，画净线，打线钉。

(2) 烫底边，缝合中缝，缉明线。

(3) 做开叉，归拔后片。

(4) 缝合里子中缝并倒烫。

3.缝合侧缝

(1) 倒烫并缉明线。

(2) 缝合侧缝里子并倒烫。

(3) 绷缝侧缝。

4.缝合肩缝

(1) 劈烫肩缝。

(2) 倒烫里子肩缝。

5.做开衩

6.制作领子

(1) 烫衬布，归拔领子并勾领子。

(2) 翻烫领子。

7.绱领子

(1) 勾缝领里并劈缝。

(2) 勾缝领面并劈缝。

(3) 缉止口明线。

8.制作袖子

(1) 烫袖口贴边，归拔袖子。

(2) 缝合袖子及袖里子。

9.绱袖子

10.做手针：锁扣眼

11.钉扣

12.整烫

⊿ 制作提示：

(1) 此款大衣过面采用裹边工艺，里袋是传统的斜丝工艺方法。过面外口"耳朵皮"造型的裹边较难掌握，制作时注意斜条的松紧程度适中。

(2) 大衣口袋设计为双牙边制作工艺，注意兜牙的宽窄。

(3) 大衣前身底边为活里制作工艺，面料底边要求用斜条布进行裹边。

(4) 后开衩部位应注意面料与里料的平服。

思考与实践

(1) 根据所学知识独立设计3款不同类型的大衣款式造型。

(2) 设计成品规格并独立制作样板。

(3) 制作成品并编写工艺流程。

第四章
省、褶造型的工艺制作技巧

教学内容

本部分讲解了服装中常见的衣片缝合拼接工艺，如省道、褶缝的制作技巧，其中包括省道、碎褶、倒褶的制作方法。

教学目的

通过本部分内容的学习，要求学生掌握各种省、褶的结构与工艺制作。

重点与难点

其中重点掌握省道的工艺制作，倒褶的工艺制作为本部分的难点。

实例4-1
衣省的工艺制作技巧

一、衣省的造型款式及裁剪放缝

特点分析：衣省是根据服装内在结构和外部造型的需要而设定的，其功能具有使服装符合体型并修饰体表的作用。同时，衣省有不同的形状，可以根据服装款式的需要来确定省道形状。腰省及腋下省是女装中常见的衣省，多用于衬衫、连衣裙、旗袍等服饰。

效果图

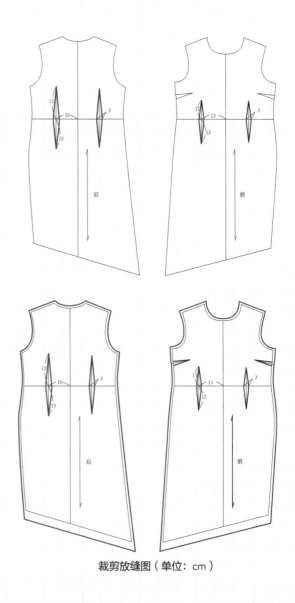

裁剪放缝图（单位：cm）

二、衣省的工艺制作步骤解析

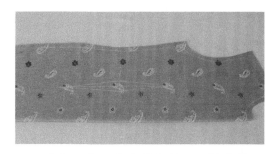

1 准备工作：衣省是服装不可缺少的元素，本部分以连衣裙的腰省及腋下省为例。首先将衣片的净缝线画好，画出腰省的位置。

2 确定衣省：由于裁剪的衣片下层无净缝线，要使其左右片的衣省对称，可根据面料的质地采用打线钉或如图所示的方法，一般用于棉、麻织物。将省道的线迹用锥子尖扎到下层布上，注意丝绸面料不可以采用此方法。

3 画出腰省：打开衣片，根据锥子所扎的位置画出腰省的线迹。

4 缉缝腰省：折合腰省的中线并将衣片正面相对，沿净缝线缉缝衣省，注意开始部位要求回针。

5 缉缝腰省：缉缝至结尾处要求沿原线迹进行回针，缉缝好的衣省部位要求平服、线迹顺畅。

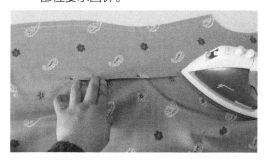

6 熨烫腰省：将缉好衣省的衣片打开并反面朝上平放在案子上，由于人体起伏的轮廓线条，需将胖势推到前中的部位。如图所示将腰省缝倒向前中线并用熨斗进行熨烫，要求熨烫平服。

服装工艺与制作实例完全解析

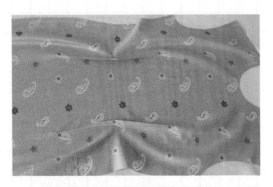

7 熨烫后的腰省反面效果如图所示，省缝量倒向中线并相对。

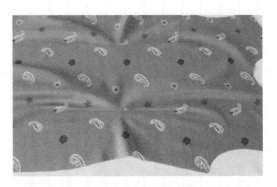

8 熨烫后的腰省正面效果如图所示，左右腰省形成对称的两条短线，应该是无褶皱、平服，线条顺畅，无断开现象的。

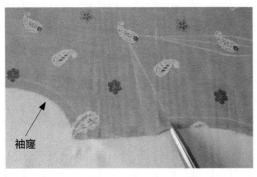

袖窿

9 缝制腋下衣省：先将按样板画出腋下省的位置。然后用剪刀在侧缝上衣省宽的位置打出0.3cm的剪口。

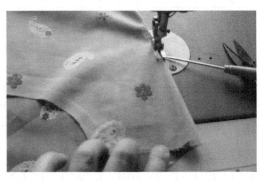

10 缉缝腋下省：将衣片正面相对并对好两个0.3cm的剪口，沿净缝线缉缝省道，注意开始部位和结尾部位均要求回针。

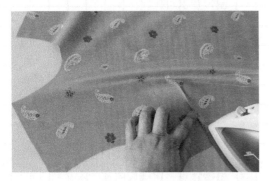

11 熨烫腋下省：打开前片并反面朝上，将衣省倒向袖窿并熨烫，要求熨烫平服。

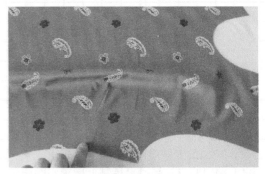

12 熨烫后的腋下省正面效果为一条短线，应该是无褶皱、平服、线条顺畅、无断开现象。

实例4-2
无规则褶的工艺制作技巧

一、无规则褶的造型款式及裁剪放缝

　　特点分析：碎褶是指一种没有规律的褶。一般应用于裙子、袖口、领口及有育克线的部位，不仅可以起到省道的作用，还可以增加服装的层次感和丰富服装的各种变化效果。本部分以连衣裙为例，前、后身的腰部侧面在腰围的基础上增加了相应的褶量，制作时要求褶量缝制均匀。

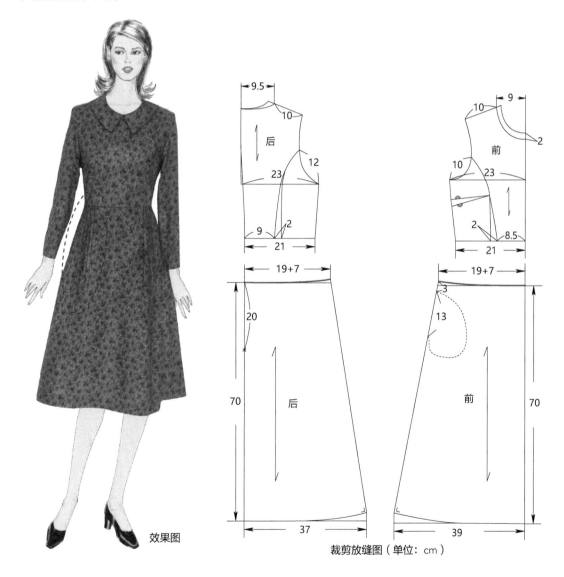

效果图

裁剪放缝图（单位：cm）

款式图

1 做前片：前中片与侧片正面相对，缉缝刀背线，侧片正面朝上双包刀背线，并将缝子倒向前中线烫平，前片正面朝上包缝肩缝、侧缝。

2 前裙片正面朝上包缝侧缝、底边，并按印迹折烫底边。由左向右沿腰口缉一道直线（针脚放大，调松线），然后按腰尺寸抽紧上线，使之形成碎状，要求褶状均匀。

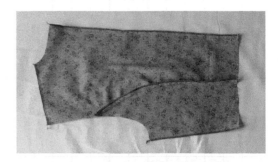

3 做后片：后中片与侧片正面相对，缉缝刀背线，侧片正面朝上双包刀背线，并将缝子倒向后中线烫平，后片正面朝上包缝肩缝、侧缝及后中缝。

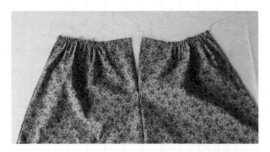

4 左、右后片正面相对，由拉锁底端开始缉缝。

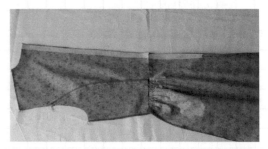

5 先在后中缝（上身、裙片）上粘烫牵条，后身片与后裙片正面相对勾缝腰口线，缝至距侧缝2cm处。

实例4-3
倒褶的工艺制作技巧

一、倒褶的造型款式及裁剪放缝

特点分析：倒褶是服装裙款中常见的造型，倒褶也可称为百褶，可统称百褶裙。倒褶之间的宽窄一致，间距越小褶的数量越多。倒褶造型属于竖分割线，不仅起到省的作用，而且能产生有规律的外观效果，一般应用于裤子、裙子、上衣等服装。

造型图

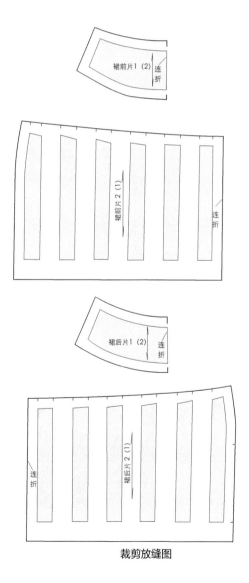

裁剪放缝图

二、倒褶的工艺制作技巧

1 剪裁裙片：

裙前片1：左和右连在一起为直丝整裁片。

裙前片2：左和右连在一起为直丝整裁片。

裙后片1：左和右连在一起为直丝整裁片。

裙后片2：左和右连在一起为直丝整裁片。

2 按净缝线将前、后裙子底边贴边用熨斗进行扣烫。

3 裙片正面朝上，根据纸样上的褶量画出位置标注。

4 根据褶的方向要求进行折烫，注意每条褶边熨烫顺畅，褶的间距宽窄一致。

5 先将裙片侧缝、裙底边包缝，然后裙子的前、后片正面相对缉缝，侧缝劈烫平服。

6 组合好一侧，将熨烫好的褶边进行固定。

7 缝合育克段身及腰里贴边，注意熨烫平服。

8 先将裙子育克与裙片正面相对沿净缝线进行缝合，然后裙片朝上包缝缝边。

9 缝边倒向裙子育克，正面朝上沿育克缉缝0.1cm明线。

10 先将腰里贴边与裙子正面相对进行勾缝，然后倒缝沿腰口贴边缉缝0.1cm明线。

11 腰贴边折向裙子反面熨烫平服，缝合裙子另一侧缝边并劈烫，最后绱缝拉锁。

12 裙子底边可用缝纫机缉缝固定。

13 修剪干净，腰侧开口部位可钉缝勾、袢进行固定。

第五章

口袋造型的
工艺制作技巧

教学内容

本部分讲解了服装中常见的口袋裁剪及工艺制作
技巧，其中贴袋多用于裙子、裤子、上衣等单层服
装，挖袋的制作方法多用于裤子、西服、大衣等服饰。

教学目的

通过本部分内容的学习，要求学生掌握口袋的结构与工
艺制作。

重点与难点

其中重点掌握贴袋的结构设计与工艺制作技巧，挖袋的
工艺制作为本部分的难点。

实例5-1
明贴袋的裁剪放缝及制作

一、明贴袋的造型款式及裁剪放缝

　　特点分析：贴袋是服装当中一种常见的口袋
形式，一般适用于男女衬衫、休闲男女单上衣、
休闲裤等服饰，贴袋的形状可以根据款式的需要
自行设计。制作时可根据款式要求缝制单明线，
一般为0.1cm或0.4cm宽；双明线为0.1cm和0.8cm
宽的两道明线。

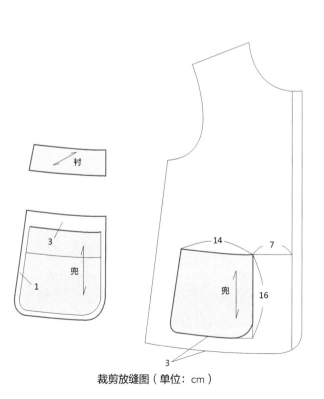

裁剪放缝图（单位：cm）

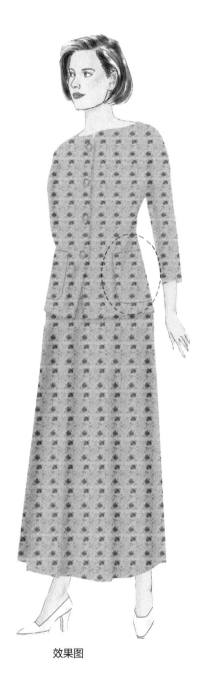

效果图

二、明贴袋的工艺制作步骤解析

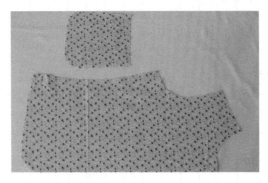

1 准备工作：贴袋是服装中常见的工艺形式，制作中有单、夹之分，本部分以衬衫贴袋为例，按净样板要求裁剪前衣片和口袋布。

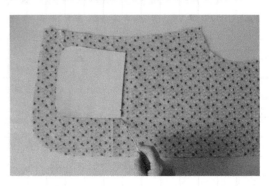

2 画袋位：前衣片正面朝上，用净样板画出口袋位置。棉、麻面料可用锥子将口袋上口左右两端扎出针眼。

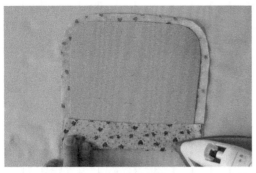

3 扣烫口袋（1）：口袋布反面朝上，根据净样板，将口袋贴边进行扣烫。

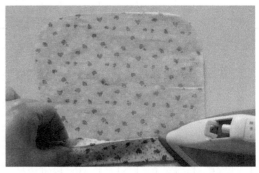

4 扣烫口袋（2）：熨烫口袋上口的三折边，宽度为2.5cm，要求宽窄一致。

5 缉口袋上口明线：口袋布反面朝上，沿折边缉缝0.1cm的明线。

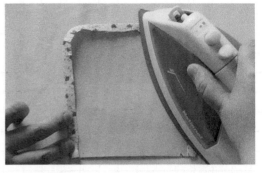

6 扣烫口袋（3）：口袋布反面朝上，根据净样板，扣净口袋布的毛边，注意圆角处的褶缝要烫均匀。

7 缉缝口袋（1）：前衣片的正面朝上，将口袋布对准袋位点，先由口袋贴边明线处向口袋上口缉缝0.4cm明线，再由上口转至口袋边缘。

8 缉缝口袋（2）：转至口袋外侧，沿口袋边缘缉0.1cm的明线，左右兜口边的线迹要求一致，注意上口袋布和衣片均要求平服。

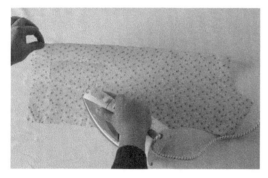

9 熨烫衣片：将装好口袋的衣片反面朝上，如图所示熨烫口袋部位，使其符合人体穿着的要求。

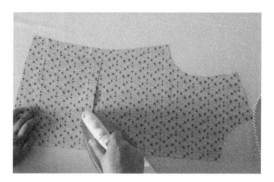

10 熨烫口袋边：前衣片的正面朝上，将口袋布的边缘处熨烫平整。

实例5-2
挖袋的裁剪放缝及制作

一、挖袋的造型款式及裁剪放缝

　　特点分析：挖袋可分为单牙袋和双牙袋，也可称之为单开线和双开线。单牙袋多用于休闲装的上衣、裙子裤子的口袋制作，双牙袋的造型多是西服套装口袋的制作工艺。双牙袋又分为有袋盖和无袋盖两种，可以根据款式的需要进行选择。

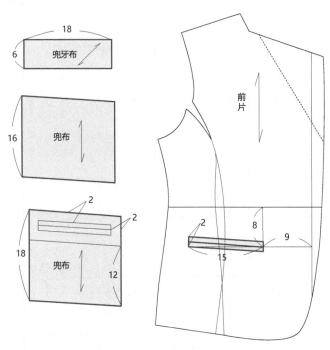

裁剪放缝图（单位：cm）

效果图

二、挖袋的工艺制作步骤解析

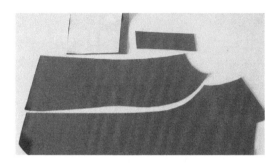

1 准备工作：双牙袋是在服装中常见的工艺形式。本部分以女上衣为例，先按净样板要求裁剪衣片、双兜牙布及兜布，并且画出净缝线。

2 粘烫衬布：兜牙布反面朝上，将有纺衬粘烫在兜牙布上，注意要求压烫牢固。

3 扣烫兜牙布：将兜牙布对折并进行熨烫，制作一个口袋需要两个兜牙布，均要求注意折烫边的顺直。

4 绢刀背缝：对好腰线将前侧片与前中片正面相对进行缝合，注意前中片的胸线部位要略吃缝，绢缝刀背缝的开始和结束处均要求回针。

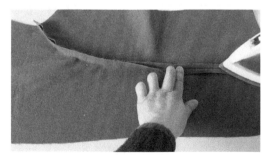

5 劈烫刀背缝：衣片反面朝上，将绢缝好的刀背缝分缝烫平，注意劈烫的刀背缝线要求顺畅、平服。

6 粘烫兜口衬布：将衣片反面朝上，在兜口的位置上粘烫5cm左右宽的衬布，要求兜口在衬布的中间，采用压烫的方法粘烫衬布。

7 画兜位：前片正面朝上，用隐形画粉画兜位，宽度是以兜口为中心，上、下各画1cm宽，并按样板要求画出兜口的大小，要求三条线迹平行。

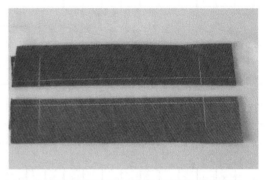

8 画兜牙布宽：在折好的兜牙布较宽的一面将兜口宽画好，上、下的牙子宽均为0.5cm，要求宽窄一致。

9 缉缝下兜牙布：衣片正面朝上，将下兜牙布与兜口位下边的1cm线对准后进行缉缝，缉缝时不要抻拉兜牙布，缉缝的始末处均要求回针。

10 缉缝上兜牙布：衣片正面朝上，将上兜牙布与兜口位上边的1cm线对准后进行缉缝，缉缝时不要抻拉兜牙布，缉缝的始末处均要求回针。

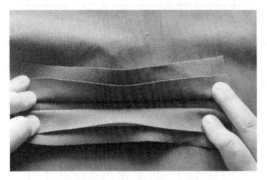

11 检查袋口正面：衣片正面朝上，打开上、下双兜牙布检查所缉缝的宽窄是否符合要求。

12 检查袋口反面：衣片反面朝上，将左、右的袋口缉缝线相对，检查所缉缝的宽窄是否符合要求。

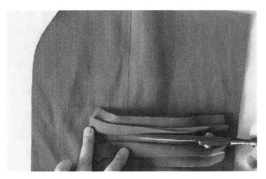

13 剪开袋口中线：衣片正面朝上，先沿兜位中线剪开兜口至距兜口两端1cm处。

14 剪开袋口边：距兜口两端1cm处，分别向两端剪至缉缝兜牙布的线根部，将兜口两端剪成三角状，注意不要剪断线根。

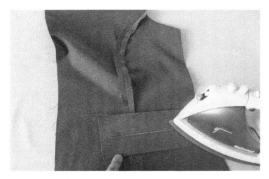

15 熨烫兜牙布反面：把兜牙布翻到前身背面，前身背面朝上熨烫兜牙布，要求将缝边烫平服。

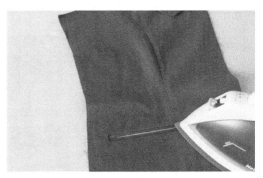

16 熨烫兜牙布正面：前身正面朝上熨烫兜牙布，同时注意将兜牙的宽窄进行调整。

17 勾上兜布：衣片反面朝上，将下兜牙布与上兜布正面相对进行缝合，开始和结束处均要求回针。

18 熨烫袋布：衣片反面朝上，将缝合的兜牙布与兜布缝边倒向兜布并进行熨烫，要求熨烫平服。

下兜布

19 勾下兜布：将衣片反面的袋口与下兜布正面相对，下兜布在下，沿上兜牙布的缉缝线迹进行压缝，缉缝的始末处均要求回针。

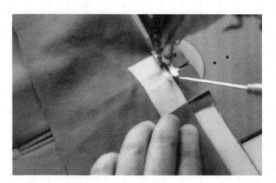

20 固定袋口：衣片正面朝上，先翻折两端，露出兜口两端，然后将兜口两端的三角形沿口袋根部固定在兜牙布及下兜布上，注意要求回针进行封结。

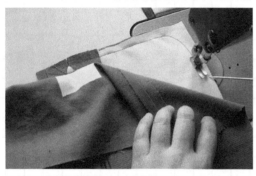

21 勾缝袋布：固定封结后先将两层袋布进行勾缝，开始和结束处均要求回针，注意圆角的顺畅。

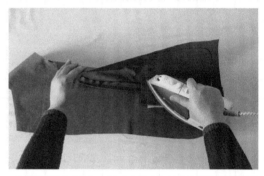

22 熨烫袋位：衣身反面朝上，如图所示进行熨烫，要求将袋口熨烫平服。

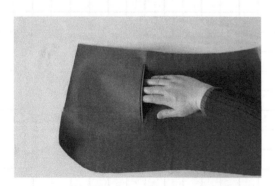

23 制作完成的双牙袋要求袋口平服、双牙边宽窄一致、袋口对称牢固。

实例5-3
插袋的裁剪放缝及制作

一、插袋的造型款式及裁剪放缝

　　特点分析：插袋具有很多种制作形式和方法，一般应用于男、女裤及女裙等服装品种中，可以根据款式的需要选择与其相适应的制作方法。制板裁剪时插袋的垫布可与口袋布相连为整块袋布，口袋的上层选用辅料袋布裁剪；袋布的长短可根据男、女裤的差异及个人的需求设定尺寸大小。

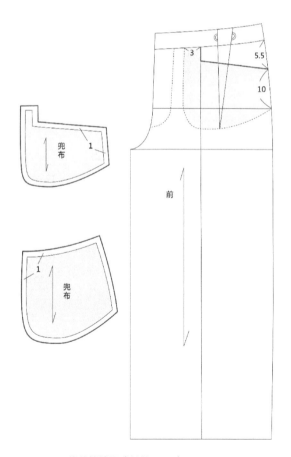

裁剪放缝图（单位：cm）

效果图

二、插袋的工艺制作步骤解析

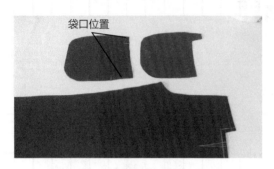

袋口位置

1 准备工作：插袋是在服装中最常见的工艺形式。本部分以女裤为例，先按净样板要求裁剪裤片、上下层兜布，并且画出净缝线、袋口位置。

2 勾缝上兜布：先用珠针把上兜布与裤片正面相对进行固定，然后兜布在上沿兜口缝份缉缝。

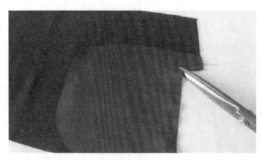

3 打剪口：将口袋的方角处沿45°角打剪口，注意不要剪断缝纫线。

4 修剪缝份：将勾缝好的兜口缝边修剪为0.5cm宽。倒烫兜口边：前裤片反面朝上，将兜口缝边倒向裤片并过缝迹线0.1cm扣烫兜口缝份。

5 翻烫兜口边：前裤片反面朝上，将上兜布翻至裤片上面并进行熨烫，要求熨烫平服。

6 缉兜口明线：裤片正面在上，沿兜口边缘缉缝0.1cm明线，注意宽窄要求一致。

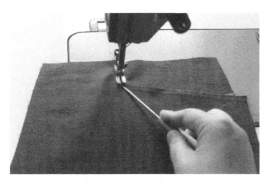

7 固定下兜布（1）：将下兜布正面朝上，
把做好的裤片放在下兜布的上方并对准
袋口位置，如图所示进行固定。

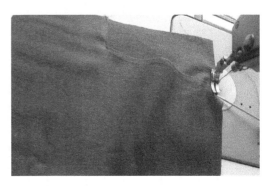

8 固定下兜布（2）：将袋口的"松量"推
向裤片，并如图所示进行固定侧缝，长
度为0.5cm。

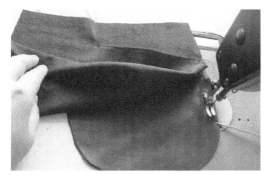

9 勾缝兜布（1）：裤片正面朝上，叠起裤
片，露出兜布，由侧缝处开始勾缝上、
下兜布，开始要求回针。

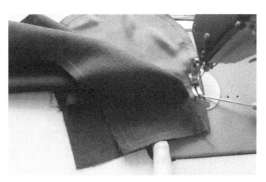

10 勾缝兜布（2）：注意圆角的顺畅，
结束时要求回针。

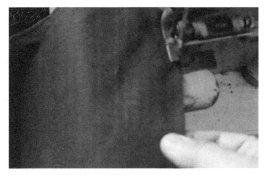

11 包缝兜布：下兜布朝上包缝毛边。

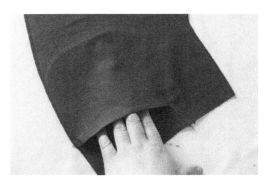

12 做好的插袋由于有暗省道，所以插
口袋方便，符合人体要求。

第六章

领子造型的
工艺制作技巧

教学内容

本部分讲解了服装中常见的领子结构与工艺制作，其中包括飘带领、帽领、燕领、平趴领的制作方法。

教学目的

通过本部分内容的学习，要求学生掌握各种领子的结构与工艺制作。

重点与难点

其中重点掌握飘带领、帽领的结构设计与工艺制作，燕领、平趴领的工艺制作为本部分的难点。

实例6-1
飘带领造型的裁剪与制作

一、飘带领造型的裁剪及放缝

　　特点分析：飘带领是领子的一种表现形式，一般适用于女衬衫的服饰，有宽飘带领和窄飘带领两种，可以根据款式的需要调整飘带领的宽窄和长短。但需要注意的是，飘带领适合用较轻薄质地的面料进行制作。

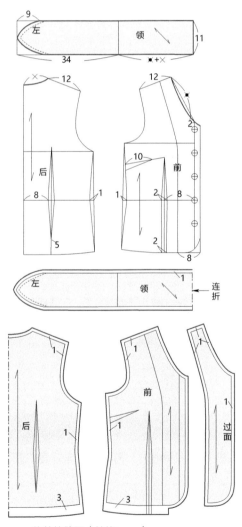

裁剪放缝图（单位：cm）

效果图

二、飘带领的工艺制作步骤解析

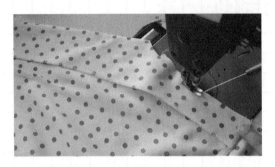

1 准备工作：飘带领的制作是服装工艺中常见的形式，根据设计要求有多种制作方法。本部分以女衬衫为例，先按要求缝制衣身，然后将挂面与衣身的领口部位进行固定。

中点

2 画领子中点：领面与领里正面相对，在领子的反面上先画出领子中点位置并打出剪口。

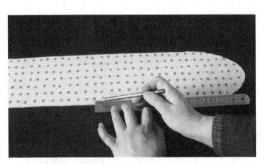

3 画领子净缝线：在领里的反面上按样板要求画出净缝线。

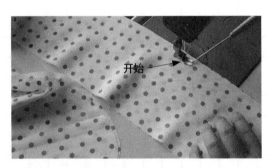

开始

4 勾缝飘带：沿所画净缝线进行勾缝，注意开始和结束处均要求回针。

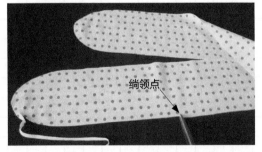

绱领点

5 先在勾缝飘带的始末处点打剪口，注意不要剪断缉缝线，然后修剪所勾缝的缝边为0.5cm。

飘带面（反）

6 倒烫缝边：将缝边倒向领面并进行熨烫。

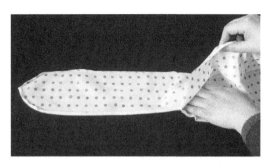

7 翻正飘带：由领子的里口部位将飘带
翻正。

8 熨烫飘带：将飘带翻正后熨烫缝边，要
求熨烫平服。

飘带里（正）

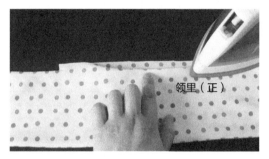

领里（正）

9 扣烫领子里口：领里正面朝上，将里口
缝边进行折烫，要求烫顺直。

10 绱领子：先将衣身反面朝上，领面
压在衣身的领口上并对准绱领点，
沿缝份边由右至左进行缝合，要求
领子与领口中点相对。

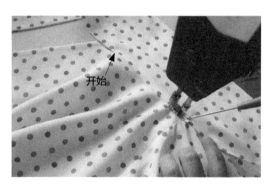

开始

11 缉明线：衣身正面朝上，先将领子
的里口缝边倒向领子，然后将已扣
好的领里里缝压在上面，沿净边缉
缝0.1cm。

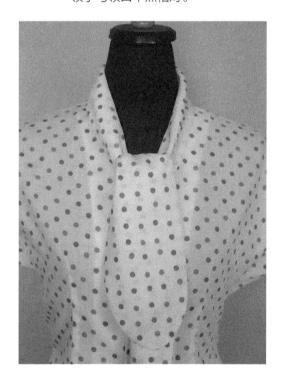

12 制作完成的飘带领要求线条流畅、
明线无断线，领子的各部位平服、
自然。

实例6-2
平趴领造型的裁剪与制作

一、平趴领造型的裁剪及放缝

特点分析：平趴领是翻领的另一种表现形式，一般应用于女衬衫和连衣裙等服装，可以根据款式的需要调整领口的宽窄及领子造型。工艺制作方法多采用斜丝布料包裹领口缝边的技法。

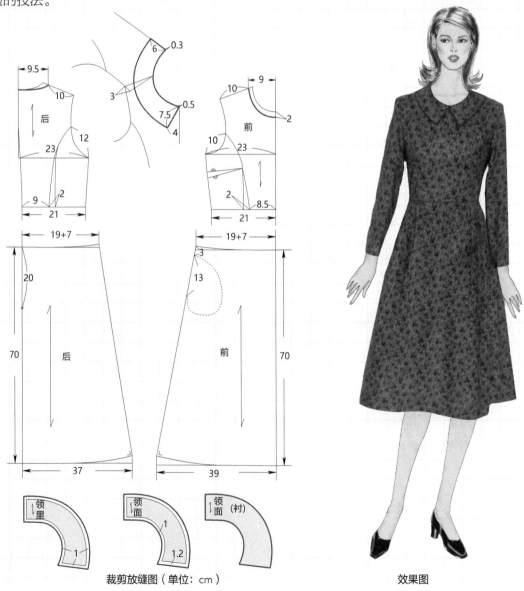

裁剪放缝图（单位：cm）　　　　效果图

二、平趴领的工艺制作步骤解析

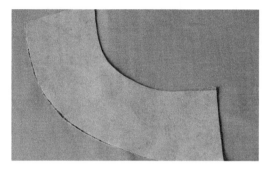

1　缝合肩缝：前身片与后身片正面相对缝合肩缝，注意后小肩中部略有吃量，然后将肩缝进行劈烫。

2　粘烫衬布：领面反面朝上，将裁剪好的衬布粘烫在领面的反面上。

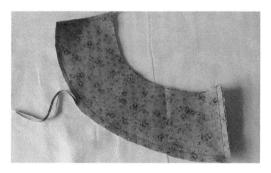

3　勾缝领子：先用净样板在领里的反面画好绱缝线，领里、领面正面相对，领里朝上勾缝领子外口边，注意领面要有0.1cm的吃缝量。然后将勾好的领子缝边修剪为0.5cm。

4　翻烫领子：先将领子缝边倒向领面，过绱缝线0.1cm并进行熨烫；然后将领子翻至正面，领里朝上熨烫领子外口边，注意熨烫好的领里应比领面小0.1cm。将领面朝上沿外口绱缝0.1cm的明线。

5　扣烫斜条：要求做好的左右领子对称，并剪出与小肩缝的对应点。将剪好的绱领斜条对折成1.5cm宽进行扣烫。

6　打剪口：把两条肩缝重合，在前片领深处剪出前中心的绱领点位置。

7 绱领子：将领子放在裙身领口上，领面朝上对齐对应点。把烫好的绱领条放在领面上，缉缝的两端留出1cm缝折量，由拉锁处开始绱领子；然后将缝好的多层缝边修剪为0.5cm宽。

8 压缉明线：领面朝上，先把后领外端留出1cm缝折量向里折好，再将领条的双折净边向下盖住毛边，然后沿双折净边压缉0.1cm明线。

9 制作完成的平领左右领角应对称，领子的外口线条流畅，明线无断线，领子的各部位平服、自然。

实例6-3
燕领造型的裁剪与制作

一、燕领造型的裁剪及放缝

特点分析：燕领在领型中属于驳领的范畴。一般应用于女式服装的衬衫、上衣、大衣等，其领形变化可以根据款式的需要进行选择。裁剪时注意领里采用斜丝面料；领面与过面为拼合形式，后领中口有拼接线，制作时注意不同丝道的一致性。

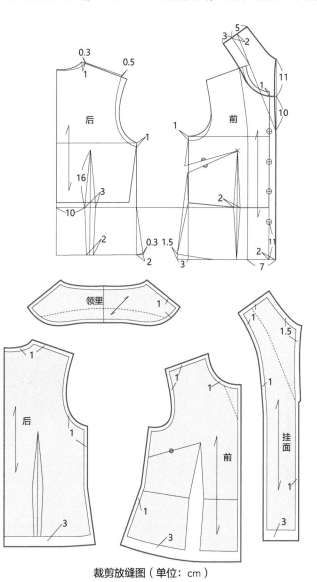

裁剪放缝图（单位：cm）

效果图

二、燕领的工艺制作步骤解析

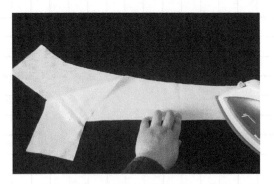

1 粘烫衬布：挂面的反面朝上，将裁剪好的衬布放在反面上进行粘烫，要求粘烫牢固。

2 缝合领子中缝：将左右领里的正面相对，沿缝边进行缉缝，注意开始和结束均要求回针。

3 劈烫领子中缝：将缝合好的领里反面朝上，分开缝边进行熨烫。

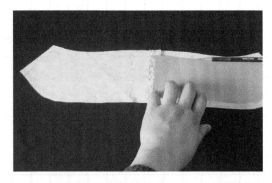

4 画领净样：领里反面朝上，用领样板画出勾缝线，注意左右的对称。

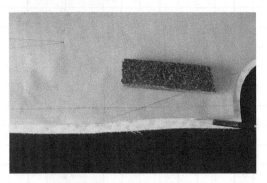

5 画止口净样：前衣身反面朝上，用净样板画出勾缝线。

6 缝合肩缝：先将前后衣片正面相对，沿缝边缉缝肩缝，注意后肩缝略有"吃量"；然后打开衣片并劈烫肩缝，注意熨烫平服。

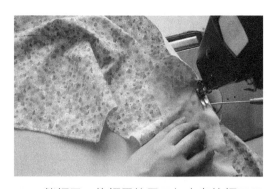

7 绱领子：将领里的里口与衣身的领口正面相对，沿缝边进行勾缝，开始处要求进行回针。

8 绱领子：由左至右进行勾缝，注意要求对准领子与领口的中点，结束处要求进行回针。

9 熨烫缝边：衣身反面朝上，将串口部位进行劈缝，过驳口线2cm至后领口处将缝边倒向里领并进行熨烫。

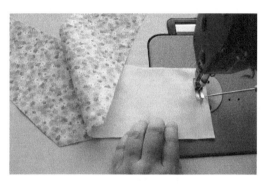

10 缝合挂面：左右挂面正面相对，沿缝边缝合中缝，注意开始和结束处均要求回针。

11 劈烫挂面中缝：将缝合好的挂面打开并反面朝上，分开缝边进行熨烫。

12 固定止口：将挂面与衣身正面相对，衣身在上，用珠针将止口固定。注意将领子与挂面的中缝对准，领尖处的领面略有吃缝量。

13 缉缝止口：衣身反面朝上，由衣身下摆处开始沿净缝线缉缝止口，注意领尖处的吃缝量左右应一致，开始和结束处均要求回针。

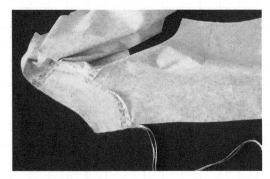

14 修剪止口：将勾缝好的止口缝边修剪为0.5cm宽。

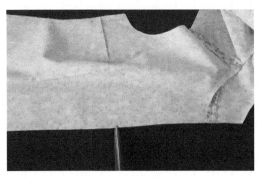

15 打剪口：按要求在止口缝边上打出驳口底点的位置。

16 扣烫止口：衣身反面朝上，将驳口线底点以下的缝边倒向衣身，过缝迹线0.1cm进行熨烫，要求熨烫平服。

17 扣烫领外口：挂面反面朝上，将驳口线底点以上的缝边倒向领面，过缝迹线0.1cm进行熨烫，要求熨烫平服。

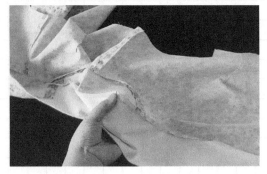

18 翻领尖：用左手捏住领尖的缝边并将领子翻正。

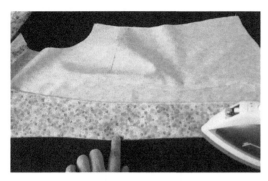

19 熨烫止口：挂面正面朝上，将驳口线底点以下的止口边进行熨烫，要求熨烫平服。

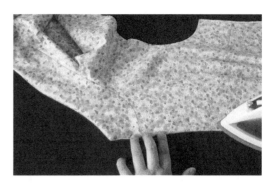

20 熨烫领外口：衣身正面朝上，将驳口线底点以上的领子外口边进行熨烫，要求熨烫平服。

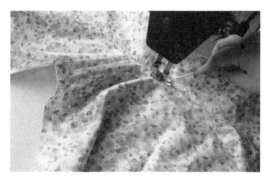

21 固定后领口：衣身正面朝上，将领面摆放平服，由左肩缝至右肩缝沿领里的里口进行缉缝固定。

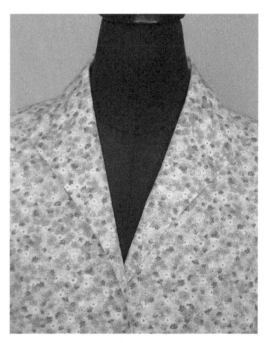

22 制作完成的燕领左右领尖应对称,领子的中口应翻折自然。

实例6-4
帽领造型的裁剪与制作

一、帽领造型的裁剪及放缝

特点分析：帽领顾名思义就是帽子绱在服装的领口处，使其具有帽子和领子的双重功能，一般应用于男女上装、男女大衣等服装。帽子的大小根据领口的大小可适当调节。

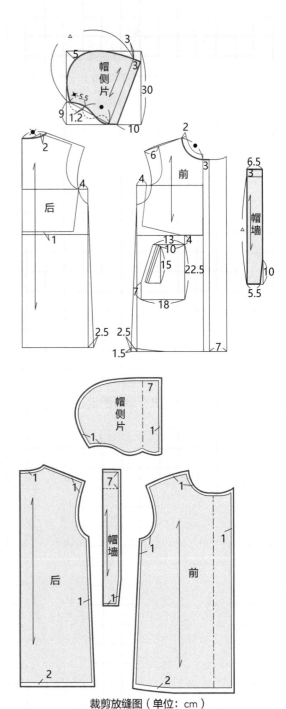

效果图

裁剪放缝图（单位：cm）

二、帽领的工艺制作步骤解析

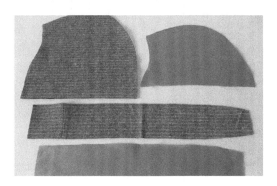

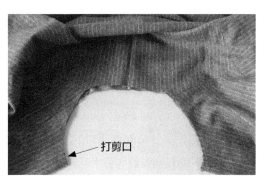

打剪口

1 准备工作：帽领的制作是服装工艺常见
的形式，根据设计要求有多种制作方
法。本部分以女大衣为例，先按要求裁
剪衣片、帽子面、里及贴边。

2 缝制衣身：缝制衣身的各部位，将缝绱
帽子的左右点打出剪口。

3 粘烫衬布：帽片的反面朝上并粘烫贴边
衬布。

4 扣烫帽贴边：帽片的反面朝上，将贴边
折向反面按要求进行熨烫。

5 勾缝墙片：将帽墙片与帽子片正面相
对，沿缝边开始进行缝合。左右片的缝
制方法相同，注意开始和结束处均要求
回针。

6 劈烫帽墙缝边：将缝合好的帽子反面朝
上放在铁凳上，劈开缝边并进行熨烫。

7 缝制帽里子：与制作面料的方法相同，注意开始和结束处均要求回针。

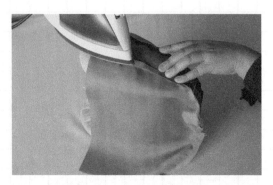

8 倒烫帽里子：将缝合好的帽里子反面朝上放在铁凳上，将缝边倒向帽片并进行熨烫。

9 缝合帽子里、面：将帽子里、面正面相对，里子在上，沿缝边将帽子外口进行缝合。

10 倒烫外口边：将缝合的缝边倒向里子并正面朝上进行熨烫。

11 固定里口边：翻正熨烫好的帽子，里子朝上，将里口边固定，缉线的宽度为0.8cm。

12 绷缝帽领里口：把衣身的领嘴勾缝好并翻正，帽子与衣身正面相对，用珠针或棉线将领口缝边固定，注意对准领中点。

13　掏翻衣身：由大衣的底边掏翻整个
衣身，使帽子夹在衣身的里、面中
间，检查里口的大小是否一致。

14　缝缀领里口：将衣身里子压在固定
好的帽子上，沿缝份边由左至右进
行缝合，要求帽子与衣身领口中点
相对，开始和结束处均要求回针。

15　熨烫领里口：由大衣的底边翻正衣
身，领里口的缝边自然倒向衣身；
先熨烫前身的领口缝边，再将衣身
放在铁凳上熨烫后领口的缝边，要
求熨烫平服。

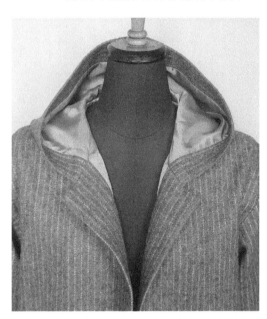

16　制作完成的帽领前片的领嘴大小一
致，帽子与衣身的贴边应在一条
线上。

17　制作完成的帽领后片缝合处自然、
平服、左右对称。

第七章

袖子造型的
工艺制作技巧

教学内容

本部分讲解了服装款式中常见袖子的结构与工艺
制作，其中包括一片袖、两片袖的制作技巧。

教学目的

通过本部分内容的学习，要求学生掌握两种不同袖片的
结构与工艺制作。

重点与难点

其中重点掌握袖子的工艺制作技法，袖子的面料与里料
的关系为本部分的难点。

实例7-1
一片袖造型的裁剪与制作

一、一片袖造型的裁剪及放缝

特点分析：此款为夹上衣、一片圆装袖造型，为了提高穿着者的舒适度在后袖口部位
增加了直省造型，设计宽度为3cm，制作时需注意袖省的工艺制作方法。

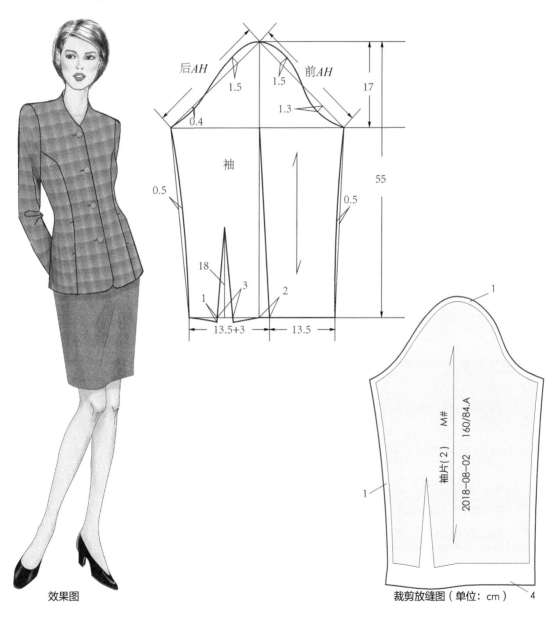

效果图

裁剪放缝图（单位：cm）

二、一片袖的工艺制作步骤解析

1 做袖子：先将衬布粘烫在袖口上，袖山部分可根据面料质地粘烫斜丝衬布，起到防止抻拉的加强作用。画出省道并打上线钉。

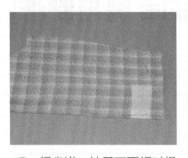

2 缉省道：袖子正面相对缉缝袖口省道，注意要对好格子。

3 沿省中线剪开袖口贴边处的省道，并将其分缝烫平，再将省道倒向前袖片烫平。

4 烫袖口：按袖口印迹折烫袖口贴边。

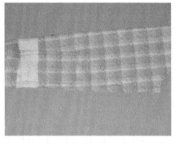

5 缝合袖缝：打开熨烫好的袖口贴边，将袖子正面相对进行缉缝。

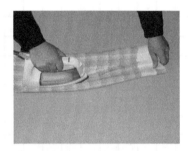

6 劈袖缝：把缉好的袖缝分缝烫平，将袖缝向前弯曲熨烫出袖弯度。

7 缉缝里子的袖口省道，并将省道倒向前袖片烫平。

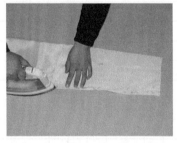

8 将里子正面相对缝合袖缝，并将缝边倒向后片熨烫，注意留出"眼皮"量。

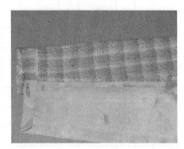

9 将里、面的后袖片背面相对，在袖窿部位，里子比面长出2cm，如图所示袖口贴边和缝边对齐。

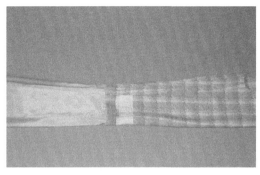

10 勾袖口：对应好袖里子与面的袖缝及省道位置后勾缝袖口贴边。

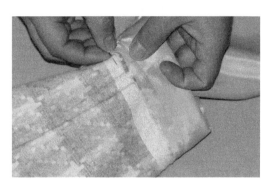

11 先折叠袖口贴边，然后用缝纫线、三角针针法将袖口贴边固定。

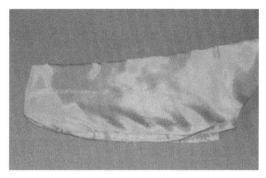

12 固定袖缝：用棉线将里面的袖缝固定。

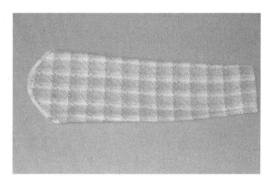

13 修剪袖山：方法与西装袖的制作相同。

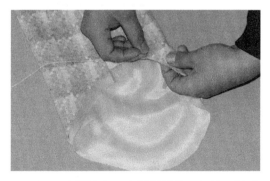

14 吃缝袖山：由距前袖缝5cm处开始用棉线拱针，缝至距后袖缝5cm处结束，中间不要间断。烫里子袖山及绱袖方法与西装相同。

实例7-2
两片袖造型的裁剪与制作

一、两片袖造型的裁剪及放缝

　　特点分析： 此款大衣为双排扣、翻领、四开身结构，袖子为圆装袖子两片袖的造型，后袖缝的下口处夹有装饰袢。在制作中要注意袖子里、面之间的关系，袖山的圆顺等一系列要点。

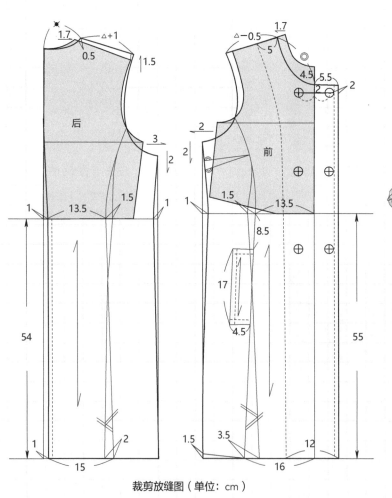

裁剪放缝图（单位：cm）

效果图

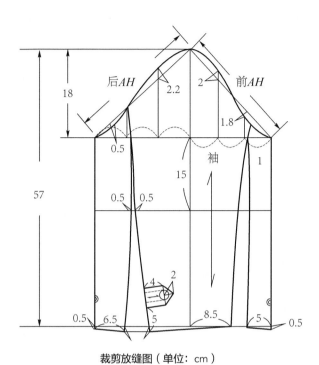

后AH   2.2   2   前AH

18

1.8

0.5   袖   1

15

57

0.5   0.5

4   2

0.5   6.5   5   8.5   5   0.5

裁剪放缝图（单位：cm）

二、两片袖的工艺制作步骤解析

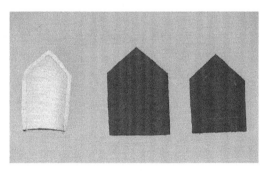

1 做袖衩：在袖衩面的背面粘衬，用净样板画在袖衩里上，然后将袖衩里面正面相对缝合，要根据面料质地确定面的"吃量"。

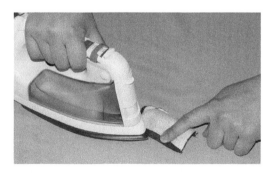

2 修剪缝边为0.5cm宽，将袖衩缝边倒向袖衩面并熨烫，要求压烫平薄。

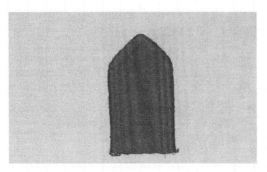

3 翻烫袖袢，用锥子挑出袖袢尖角后烫平，然后缉缝1.3cm明线。

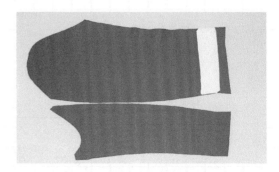

4 做袖子：先归拔大袖的前偏袖，使其符合人体造型。然后在袖口部位粘烫衬布斜丝条，比好大、小袖的前后袖缝。

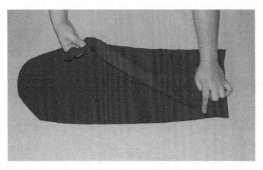

5 缝合后袖缝：先将袖袢摆在大袖后袖缝上，再将小袖正面与其相对进行缉缝，注意大袖的袖肘部位要吃缝。

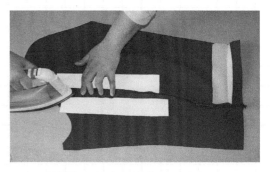

6 劈袖缝：为防止缝边因熨烫印到正面，分烫缝边时可垫上硬纸熨烫，熨烫时将弧线量推至大袖并使小袖平服，将袖袢缝边倒向小袖烫平。

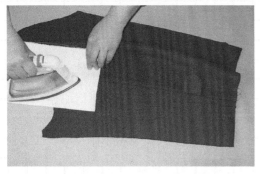

7 将小袖摆平服，垫上水布熨烫后袖缝，注意不要烫出缝边印迹。

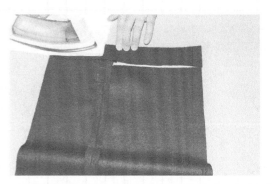

8 烫袖底边：按袖长折烫袖口边，注意烫平顺。

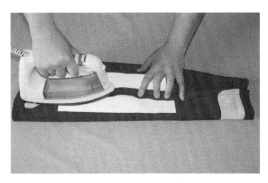

9 缝合前袖缝：将大、小袖正面相对缝合前袖缝，要求大袖由袖窿向下10cm、袖口向上10cm的部位要吃缝0.2cm左右，然后将烫板放入袖筒分烫袖缝。

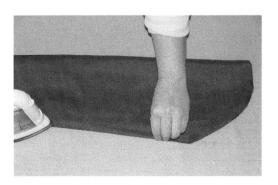

10 缝合袖里子：与面料方法相同缝合前袖缝，并将缝边倒向大袖熨烫，注意留出"眼皮"量。

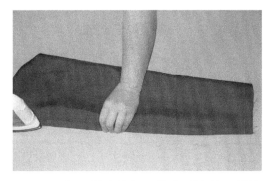

11 与面料方法相同缝合后袖缝，并将缝边倒向大袖熨烫，注意留出"眼皮"量。

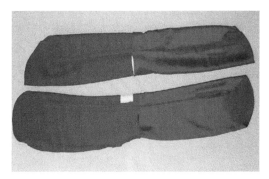

12 勾袖口：对应好袖里子与面的袖缝，里子与面正面相对勾缝袖口。

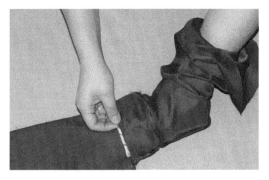

13 先折叠袖口贴边，然后用缝纫线以三角针针法将袖口贴边固定。

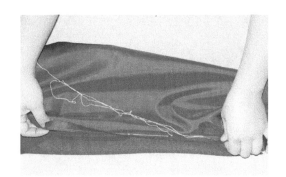

14 固定袖缝：将里、面袖缝对好，由袖窿向下10cm开始用棉线将袖缝固定，前后袖方法相同。

15 修剪袖山：里子向外翻出袖子修剪里子的袖山缝，袖中点向上1cm宽。

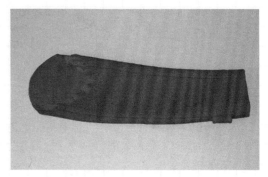

16 前后袖缝、小袖袖山均为1.5cm宽。

17 吃缝袖山：如图所示，将袖山用棉线拱针。

18 用拱针线抽匀袖山，袖山的"吃量"根据造型的要求确定，要求袖山要圆顺。

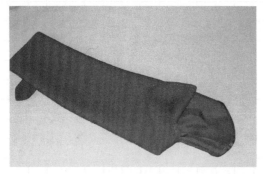

19 掀开面料将里子的袖山缝边折烫0.5cm宽。

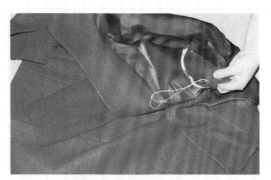

20 绷缝袖窿：将袖与身正面相对，对好肩点与袖中点后用棉线将袖子绷缝好，注意针脚应小一些并要求圆顺。

21　缉缝袖窿：将袖窿背面朝上，沿绷缝线迹里侧缉缝袖窿一周，要求袖窿要缉缝圆顺。

22　绷缝好袖窿后，检查里、面的各条缝边是否对好。然后将扣好的里子袖山压在袖窿绷缝线上，用棉线绷缝，注意袖里子与面的袖缝要对好。

23　用缝纫线以撬针针法将里子与大身固定，要求针距疏密适中；采用同样方法扦缝袖口里子。

24　制作完成的两片袖要求位置适中、袖山圆顺、平服无褶皱。

第八章

衣摆造型的
工艺制作技巧

教学内容

本部分讲解了服装中常见的衣摆结构与工艺制作，其中包括衬衫衣摆、西装衣摆、大衣衣摆的制作方法。

教学目的

通过本部分内容的学习，要求学生掌握各种衣摆的结构与工艺制作。

重点与难点

其中重点掌握衬衫衣摆的裁剪放缝及工艺制作技巧，西装、大衣衣摆的工艺制作为本部分的难点。

实例8-1
衬衫衣摆造型的裁剪与制作

一、衬衫衣摆造型的裁剪及放缝

特点分析：衬衫衣摆采用缉缝边的技法，是服装中较为常见的缝制形式，一般应用于男女衬衫、休闲上衣衣摆及裤子和裙子的折边处，是一种相对比较简单的衣摆制作方式，制作时应注意衣襟长短一致和折边缉线宽窄一致。

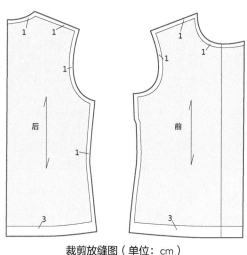

裁剪放缝图（单位：cm）

效果图

二、衬衫衣摆的工艺制作步骤解析

1 扣烫底边：将缝合好侧缝的衣身反面朝上，按净缝线将衣摆贴边进行熨烫，要求熨烫圆顺。

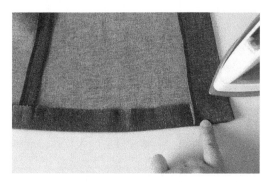

2 折烫衣角：衣身反面朝上，将止口贴边压在衣摆贴边上进行熨烫，要求熨烫平服。

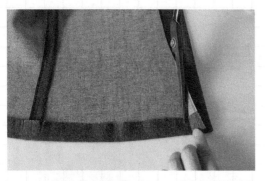

3 打剪口：衣身反面朝上，先打开止口贴边并由止口贴边向里2cm，在衣摆贴边上打1cm的剪口。

4 折烫净边：衣身反面朝上，按剪口宽折烫衣摆贴边的毛边。

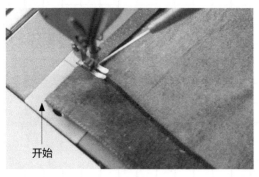

开始

5 固定衣摆：衣身反面朝上，先由左片止口边开始至止口贴边缉缝0.1cm，然后向上沿止口贴边缉缝至衣摆贴边的净边，注意不能出现断线。

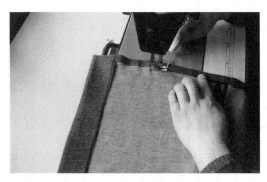

6 固定衣摆：最后沿折净边缉缝0.1cm明线。注意左、右片的方法相同，开始和结束处均要求回针。

7 熨烫衣摆边：将缉缝好的衣摆边反面朝上进行熨烫。

8 制作完成的缉缝边适用于直摆服装的制作，要求平服、无褶皱，缝迹线断线。

实例8-2
女西装衣摆造型的裁剪与制作

一、女西装衣摆造型的裁剪及放缝

　　特点分析：女西装衣摆是较为复杂的衣摆形式，多用于夹上衣的制作。在制作时应注意把握里料与面料合理配置以及两者的一致性。其制作方法适用于男、女西装和上衣等服装品种。

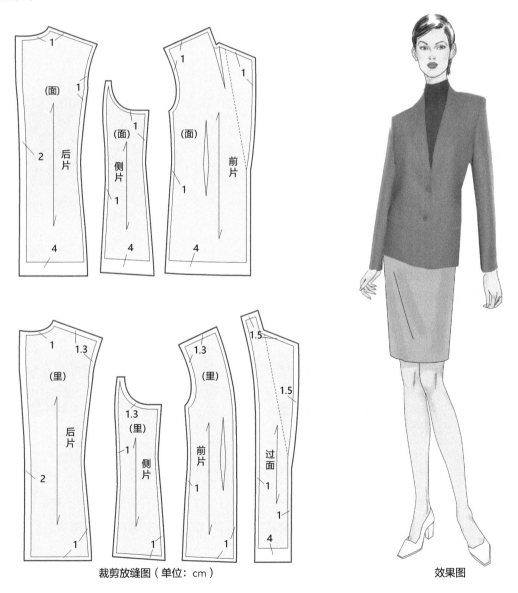

裁剪放缝图（单位：cm）　　　　效果图

二、女西装衣摆的工艺制作步骤解析

1 勾缝底边：将止口缝边倒向挂面，挂面与前身正面相对沿净缝线勾缝底边，勾缝至挂面的外口，注意先将毛边折净再回针。

2 翻烫止口：将挂面翻正并正面朝上，垫上水布熨烫止口边，注意止口不要出现"倒吐"的现象。

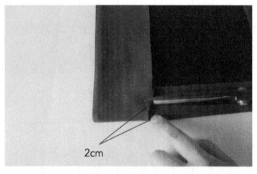

3 打剪口：挂面正面朝上，距底边2cm处，将挂面外口剪开1cm的剪口。

4 折烫毛边：将剪口以下的毛边折至背面并烫平。

5 绱缝里子：将里子与挂面正面相对绱缝至剪口处，然后将缝边倒向里子并熨烫。对好腰线缝合里子侧片，并将缝边倒向前中线烫平。

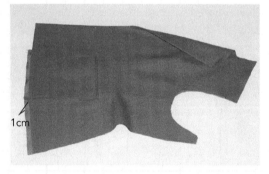

6 修剪里子：将里面重合，翻折好驳头外口，对齐里面的腰线后修剪里子。

7 缝合侧缝：将前、后身正面相对缉缝侧缝线，注意要对齐腰线。腰线至袖窿的1/2以上部分要略吃后片，然后分缝烫平。

8 扣烫底边：衣身反面朝上，将后身底边按印迹扣烫，注意要与前身底边烫圆顺。

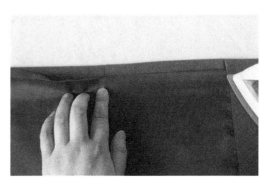

9 缝合里子侧缝：同大身缉缝方法相同，将缝合好的侧缝倒向里子中缝并烫平，注意留出0.3cm "眼皮" 量。

10 扣烫里子底边：将衣身的面和里摆放平服，里子正面朝上，将里子的下摆边按剪口的位置折净、烫平。

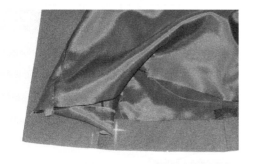

11 画对位点：将前衣角的挂面朝上并打开衣角处的里子，如图所示画出勾缝底边的对位点，要求画准确。

12 勾缝底边：将衣身面和里反面朝外，下摆里子在上，将勾缝底边的对位点对准。

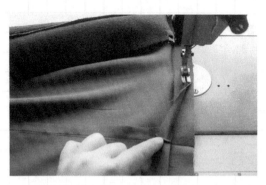

13 勾缝底边：由对应点开始，并由右至左开始勾缝底边，注意对准里子和面的各条缝边，开始和结束处均要求回针。

14 固定底边：将下摆贴边折向衣身，用缝纫线、三角针将底边固定到大身上，注意针脚不要透到正面上。

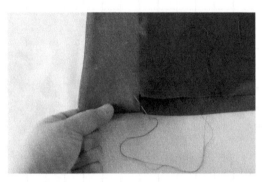

15 扦缝衣角：挂面朝上，用缝纫线、斜扦针脚将折净边进行固定，要求针脚密度适中。

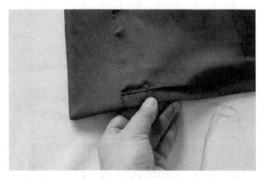

16 绷缝里子：里子朝上，用缝纫线、三角针将衣角部位的里子进行固定，要求针脚密度适中。熨烫衣摆边：将衣身反面朝上，将下摆部位熨烫平服。

17 勾缝下摆边的制作方法适用于各种夹上衣，要求各缝边平服、无褶皱。

实例8-3
女大衣衣摆造型的裁剪与制作

一、女大衣衣摆造型的裁剪及放缝

　　特点分析：大衣摆边是衣摆的另一种表现形式，又称"活里子"。制作时里料与面料分别缝制，面料衣摆贴边采用滚条裹边处理工艺，制作完成的里料与面料之间用拉线袢方法进行固定。在缝制的过程中应考虑里料与面料的合理配置以及两者的一致性，此制作方法适用于男、女大衣等高档服装。

效果图

裁剪放缝图（单位：cm）

二、女大衣衣摆的工艺制作步骤解析

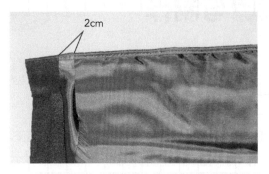

1 缉缝里子：将里子与挂面正面相对缉缝至距衣摆净边2cm处，将里子三折边后再回针；然后里子朝上进行包缝，将缝边倒向里子并熨烫。

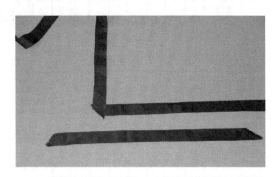

2 拼接斜条布：按长度要求将斜条布进行缝合并进行劈缝。

3 勾缲斜条布：将斜条布与衣身下摆正面相对，由挂面宽向里3cm的位置开始勾缝，宽度为0.5cm，注意勾缝的过程中拉紧斜条布。

4 扣烫底边：先将斜条布翻转至反面并裹紧下摆边，沿斜条布的净边缉缝0.1cm；然后衣身反面朝上，将衣身底边按净缝线扣烫。

5 固定底边：用棉线将衣身底边进行固定，要求针脚每3cm一针。

6 扣烫里子底边：里子反面朝上，先将里子的下摆边三折边折净、烫平，然后沿净边缉缝0.1cm明线，注意开始和结束处均要求回针。

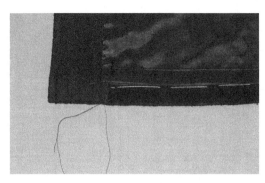

7 固定衣角：用缝纫线将挂面与衣身进行
扦缝，注意针脚要求适中。

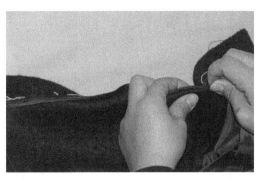

8 扦缝底边：如图所示左手将衣身底摆捏
起，右手拿针并用缝纫线将底摆进行暗
扦缝，要求针脚为每3cm扦缝7针。

9 绷缝里子：里子朝上，用缝纫线、三角
针将衣角部位的里子进行固定，要求针
脚密度适中；然后将衣身反面朝上，将
下摆部位熨烫平服。

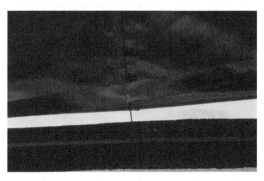

10 连接里面：打开大衣的下摆露出缝
边，在侧缝处用缝纫线做拉袢，长
度为5cm左右，要求将里子与面固定
牢固。

11 本部分大衣底边的制作方法适用于
女大衣和男大衣的前衣身，要求裹
边的部位平服无褶皱，里、面的缝
迹线宽窄一致，无断线。

第九章
扣眼造型的
工艺制作技巧

教学内容

本部分讲解了服装中常见的扣眼结构与工艺制作，其中包括手工锁扣眼、包扣眼、扣袢的制作方法。

教学目的

通过本部分内容的学习，要求学生掌握各种扣眼的工艺制作。

重点与难点

其中重点掌握手工圆扣眼工艺的制作，包扣眼、扣袢的工艺制作为本部分的难点。

实例9-1
手工锁扣眼的制作步骤解析

特点分析：手工锁扣眼分直扣眼和圆扣眼两种方法，直扣眼适用于夏季较薄的面料，如衬衫等款式；圆头扣眼一般应用于质地较厚的面料制作，如男、女西服和大衣及裤子等。

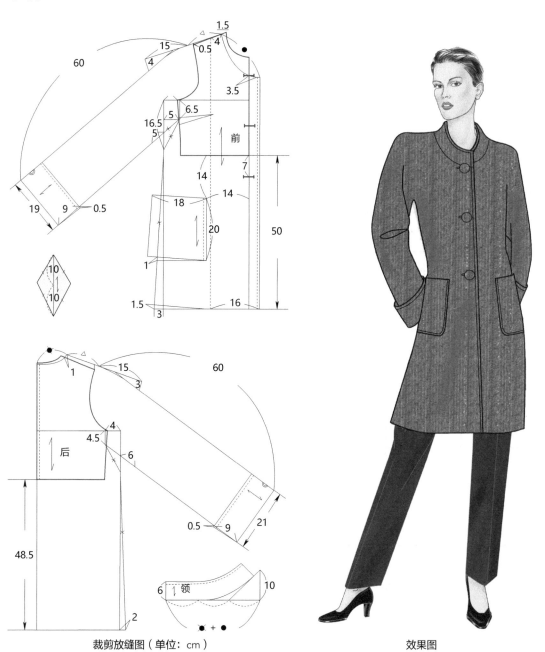

裁剪放缝图（单位：cm）

效果图

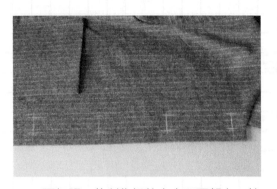

1 画扣眼：将制作好的上衣正面朝上，按样板要求在右襟上画出扣眼的位置，注意应使用隐形画粉。

2 剪开扣眼：先按所画位置将扣眼剪成直线，然后将靠止口线的一边剪成圆状，大小为0.3cm。

3 锁缝第一针：先将多股缝纫线穿入5号手针的线孔内，如图所示将第一针穿入扣眼左侧的衣襟夹层内，然后拔出手针并将线的末端藏入夹层内，要求衣身的止口边朝向自己。

4 锁缝第二针：第二针由开口处将针插至背面，由左侧扣眼边紧接着第一针穿出针尖，然后右手由上至下地穿入线套并将线套套入针尖。

5 拔出手针并拉紧缝纫线，注意缝纫线呈45°将线拉紧。

6 锁缝左侧末端：按照第二针锁缝的方法沿左侧边进行锁缝，锁缝至直线的根部。

7 锁缝圆头：锁缝左侧边至右侧边的圆头
部位时，要求将每针拔出的线呈90°进
行拉紧。

8 锁缝右侧边：按照左侧的锁缝方法沿右
侧边进行锁缝，锁缝至直线的根部，要
求线的松紧度一致。将最后一针插入左
侧根部，将针由右侧的根部拔出。

9 锁缝扣眼末端：将针插入左侧根部并由
扣眼开口拔出针。

10 与一字线相搭，呈十字状沿根部将
针插入到背面。

11 封结扣眼：将衣身翻至背面，在扣
眼的根部进行套扣缝结，要求缝制
牢固。

12 锁缝好的圆扣眼为圆头一字状，此
方法用于锁缝男、女夹上衣等较厚
质的服装。

实例9-2
包扣眼的制作步骤解析

特点分析：包扣眼是扣眼的另一种表现形式，制作扣眼时采用与服装相同面料进行制作，一般应用于质地较厚的毛呢面料及皮革面料的服装，如毛呢、皮质的上衣及大衣。

裁剪放缝图（单位：cm）

效果图

1 准备工作：挖扣眼工艺一般应用于高档
女装的制作，本部分以女大衣为例。
先按要求裁剪衣片、挂面及挖扣眼的
垫布。

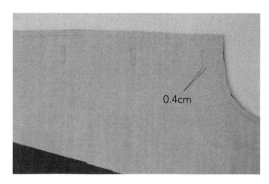

2 画扣眼位：先将裁剪好的衬布粘烫在右
前片的反面上，然后按样板要求画出净
缝线，最后画出扣眼的位置，要求准确
地画出扣眼长和宽。

3 做垫布：分别在裁剪好的垫布反面上粘
烫衬布。

4 粘烫挂面衬布：将裁剪好的衬布粘烫在
挂面的反面上，要求粘烫牢固。

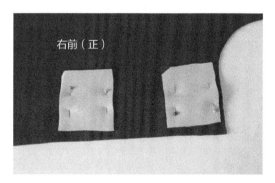

5 固定垫布：将垫布与右前片正面相对，
垫布对准扣眼的位置并要求扣眼位居中。

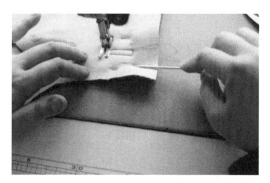

6 缉缝垫布：右前片反面朝上，沿画好的
扣眼净缝线进行缉缝，要求缉缝双重线。

7 剪开扣眼：如图所示将扣眼剪开，两端剪成三角状，注意不要剪断缝迹线。

8 劈烫缝边：如图所示将扣眼垫布翻到右前片的反面，分别劈烫扣眼的缝边。

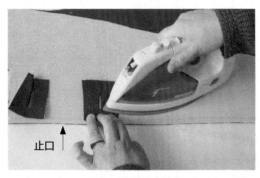

止口

9 熨烫垫布：缝边进行劈烫后，将止口方向的垫布拉紧并进行熨烫。

10 折叠垫布：如图所示将扣眼末端的垫布进行折叠，要求左右对称。

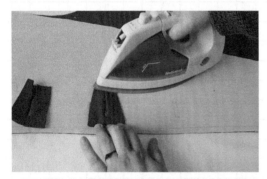

11 熨烫垫布末端：将折叠好的扣眼末端的垫布进行熨烫，要求熨烫牢固。

12 修剪垫布：将熨烫后的扣眼垫布进行修剪，缝边留量约为2cm宽。

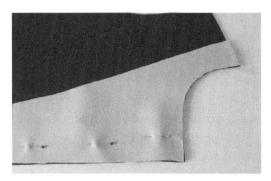

13 固定挂面：将挂面与右前片正面相
对并用珠针进行固定。

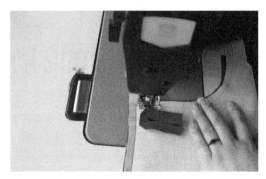

14 缉缝止口：右前片反面朝上，沿净
缝线勾缝止口边及领嘴，注意开始
和结束处均要求回针；然后将止口
边修剪为0.5cm并进行倒烫，将止口
翻正进行熨烫。

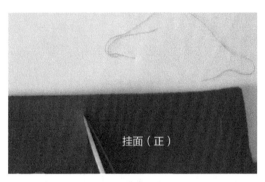

15 剪开挂面：将挂面正面朝上，按扣
眼的位置将挂面剪开，注意两端要
求剪成三角状。

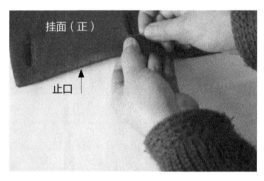

16 绷缝挂面边：挂面正面朝上，先将
剪开的扣眼缝边折至背面，然后用
缝纫线进行扦缝，要求针脚适中并
扦缝牢固。

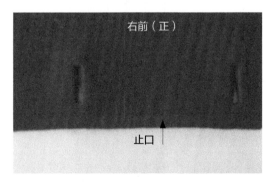

17 要求制作好的扣眼前端留出扣子的
线柱位置，扣眼末端的垫布左右宽
窄一致。

实例9-3
扣袢式扣眼的制作步骤解析

特点分析：扣袢式的扣眼多用于无搭门的服装，制作时采用面料的斜丝布条进行制作，是扣眼的另一种表现形式。此制作方法一般多应用于女式衬衫、外衣、中式服装等。

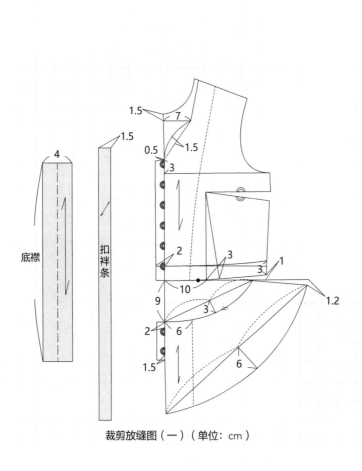

裁剪放缝图（一）（单位：cm）

效果图

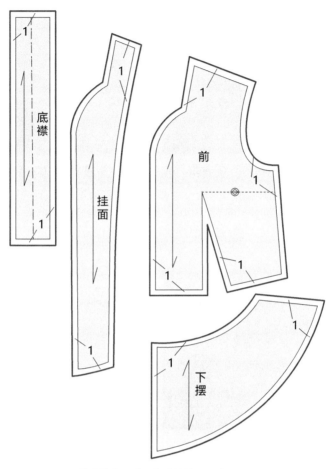

裁剪放缝图（二）（单位：cm）

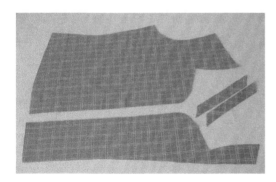

1 准备工作：扣襻是女装中的一种工艺形
式，一般应用于衬衫、外衣、中式服装
的制作中，本部分以女衬衫为例，先按
要求裁剪衣片、挂面及做扣襻的斜丝布。

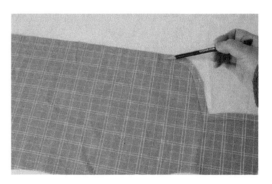

2 画净缝线：将右前片反面朝上，按样板
要求画出净缝线及扣襻的位置。

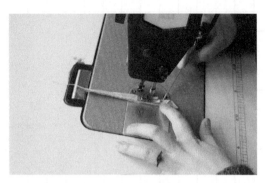

3 勾缝扣袢：将斜丝布对折并反面朝上进行勾缝，要求宽窄为0.4cm。

4 修剪缝边：将勾缝好的缝份修剪成0.4cm宽。

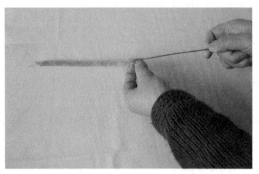

5 翻扣袢：先将工具穿入勾缝的扣袢内，并用钩子钩住前端的毛边。

6 拉出扣袢：如图所示将扣袢由进口处拉拽出。

7 熨烫扣袢：扣袢翻正后将其剪成3cm长，用熨斗烫出所需的半圆形状。

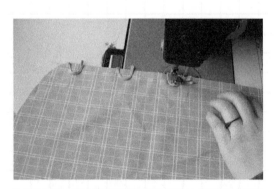

8 绱扣袢：右前片正面朝上，将做好的扣袢按照样板位置固定在衣身上。

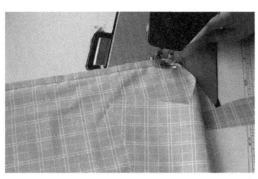

9 勾缝止口：挂面与右前片正面相对，右前片在上沿净缝线勾缝止口边，注意开始和结束处均要求回针。

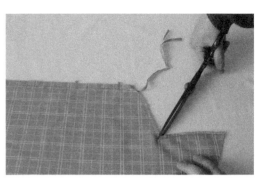

10 修剪止口边：修剪止口缝边为0.5cm宽，按图所示在领口的方角处打剪口；再将修剪后的缝边倒向衣身，过缝迹线0.1cm宽进行熨烫。

11 翻烫止口：将止口边翻正并挂面朝上进行熨烫。

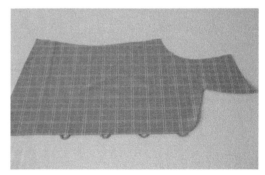

12 制作好的扣袢要求距止口边的宽窄一致，扣袢上下的间距均等。

参考文献

[1] 张祖芳.服装平面结构设计.上海：上海人民美术出版社，2009 .

[2] 刘瑞璞，张宁.男装款式和纸样系列设计与训练手册.北京：中国纺织出版社，2010.

[3] 刘瑞璞，王俊霞.女装款式和纸样系列设计与训练手册.北京：中国纺织出版社，2010.